CODING FOR KIDS PYTHON

Coding for Kids: Python

Python
青少年趣味编程

[美]艾德丽安·B. 塔克 著
伍俊舟 译
燕飞 审校

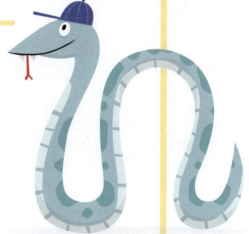

电子工业出版社
Publishing House of Electronics Industry
北京·BEIJING

Text © 2019 by Callisto Media

All rights reserved.
First published in English by Rockridge Press, a Callisto Media Ine imprint.

本书中文简体字版授予电子工业出版社独家出版发行。未经书面许可，不得以任何方式抄袭、复制或节录本书中的任何内容。

版权贸易合同登记号　图字：01-2020-0973

图书在版编目（CIP）数据

Python 青少年趣味编程 /（美）艾德丽安·B. 塔克（Adrienne B.Tacke）著；伍俊舟译．
— 北京：电子工业出版社，2020.5
书名原文：Coding for Kids: Python: Learn to Code with 50 Awesome Games and Activities
ISBN 978-7-121-38849-1

Ⅰ．①P… Ⅱ．①艾… ②伍… Ⅲ．①软件工具－程序设计－青少年读物
Ⅳ．①TP311.561-49

中国版本图书馆 CIP 数据核字（2020）第 048232 号

责任编辑：雷洪勤
印　　刷：中国电影出版社印刷厂
装　　订：中国电影出版社印刷厂
出版发行：电子工业出版社
　　　　　北京市海淀区万寿路 173 信箱　　邮编：100036
开　　本：787×980　1/16　　印张：14.25　　字数：320 千字
版　　次：2020 年 5 月第 1 版
印　　次：2020 年 5 月第 1 次印刷
定　　价：69.00 元

凡所购买电子工业出版社图书有缺损问题，请向购买书店调换。若书店售缺，请与本社发行部联系，联系及邮购电话：(010) 88254888，88258888。
质量投诉请发邮件至 zlts@phei.com.cn，盗版侵权举报请发邮件至 dbqq@phei.com.cn。
本书咨询联系方式：(010) 88254210，influence@phei.com.cn，微信号：yingxianglibook。

译者序

随着计算机科学技术的飞速发展，互联网技术、人工智能与我们日常生活紧密地交织在一起。程序作为人类与计算机沟通的工具，也变得越来越重要，许多国家都已经把编程列为学龄儿童的基础学科之一。虽然我们不需要未来所有的孩子都成为程序员，但是，我们希望每个孩子都能具备感知计算机世界的能力。

因此，这并不是一本传统意义上教孩子如何走向程序员进阶之路的教材，而是一本有趣好玩、培养孩子编程兴趣的基础读本。它通过大量生动的配图及趣味十足的游戏案例，帮助孩子构建起计算机语言的逻辑思维体系。

作为一本面向孩子的程序语言读本，如何让孩子时刻保持新鲜感或许是本书遇到的最大挑战。对于孩子来讲，纯粹的数学计算似乎并不是那么有意思，如何开发出一个个看得见的东西，才是一件有成就感的事情。

因此，本书的作者艾德丽安非常注重编程的实践性，鼓励孩子大胆尝试，她几乎花了一大半的篇幅来告诉小读者们"游戏时间到咯！"，让孩子们通过自己敲击代码来"创造"一个个图形化的小游戏。寓教于乐的同时，她还加入了很多尝试过程中可能会出现的错误的说明，这大大减少了初学者的困惑，不至于让他们因为程序的报错而停留在书中某处畏葸不前。

能把那么多专业术语、概念以浅显易懂的语言表述出来，看得出本书作者不仅是一位出色的开发者，同时也是一位经验丰富的教育家。在翻译过程中，我都尽量以近似的语言风格保留其原汁原味。

感谢四川电力职业技术学院的燕飞老师和秦界老师在本书翻译过程中给予的帮助和指导。由于同时兼顾其他工作，时间有限，我虽尽力而为，但纰漏之处在所难免，恳请广大读者批评指正。若有任何关于本书翻译的意见，或者有关Python语言的想法，都欢迎发送邮件至nuoqishana@gmail.com与我交流。

最后，还要特别感谢杨大志和吴若愚两位小同学，他们是本书译稿的第一批小读者，他们与我分享了许多学习过程中的心得与体会，他们的好奇心与求知欲为本书带来了很多宝贵的建议。对于进入更加广阔的Python世界，他们似乎已经踌躇满志了。勇敢的少年，你愿意和我们一起迎接挑战吗？

伍俊舟

2020年2月于成都

前言

《Python青少年趣味编程》是一本用于学习Python语言的书，它独特而有趣，完全不需要任何编程经验就可轻松学习。本书将通过浅显的类比、实用的案例及许多充满趣味性的练习和游戏来帮助大家学习如何使用Python编写代码。

先介绍一下我自己吧（就是这本书背后激动到手舞足蹈的作者）：我现在是一名全职的软件工程师，致力于帮助那些年轻的、有潜力的程序员，这让我感到非常快乐并且有成就感。我常常在当地的小学和高中开展一些志愿服务，向孩子们分享软件开发工程师的职业生涯，并教授他们一些关于编程的基础知识。每当这些孩子第一次感受到代码的力量时，我都能在他们眼中看到火花，这总是令我备受鼓舞。于是，我写了这本书，并期望通过它激发更多人的想象力，创造更多的奇迹！

在我们的生活中，每个人都有自己喜爱的事物，而代码可以说几乎是所有这些事物的核心所在。我们通过代码来制作游戏、创作音乐和艺术作品，让机器人融入我们的生活，所有的电子产品都离不开代码和指令。毫无疑问，在未来，编程将会遍布世界的每一个角落，因此，学习编程是一件非常有意义的事！而这本书就会帮助你迈出这一大步！

编程实际上是将人类的想法和行为转化为计算机可以理解的语言。Python就是一种程序语言。当然，还有许多其他语言，如JavaScript、C#、Ruby和C++等。每一种程序语言都可以告诉计算机如何执行各项命令，但它们又各自略有不同。本书之所以选择Python，是因为它非常接近英语表达，这将大大有利于我们在学习代码的相关概念时更加容易地理解。

现在，你只需要这本书再加一台计算机！从第1章到最后一章，我将引导大家循序渐进地学习编程的有关知识，我们提供了操作详解、项目案例，还有大量实用的屏幕截图，以及我们将要学习的编程术语。当你学完这本书以后，你将会开发出一些非常酷的程序，甚至还能做出许多可以和朋友一起玩的简单游戏！

编程是一项通过实践才能掌握的技能。这就是为什么我在设计每一章节的内容时，都会设置一些特殊的环节来引导大家编写代码。这使得本书具有非常强的互动性，因为我们每学习一个概念，都会编写一些代码，了解它真正的含义，再通过进一步的阅读和学习，修复一两个可能出现的错误，最后实时查看运行结果！为了帮助大家进一步掌握本书中的编程知识，我还在每一章的末尾设置了一些小关卡，综合运用多个知识点，来检验大家实际掌握的情况。毕竟，对于编程来讲，只有不断练习才能使我们进步！最后，如果某些练习对你来说简直是小菜一碟，或者你还想编写出更多、更复杂的程序，那么在每一章的末尾还有一些更具挑战性的项目，快快使用你的最强大脑，施展更多的创造力吧！

接下来，我们将进入编程的世界，开始这段神奇的冒险。最后，我相信你会做好充分的准备，迎接来自未来世界更多的挑战！你还在等什么呢？

目录

第1章 欢迎来到Python世界 / 1

1.1 为什么选择Python / 2

1.2 安装Python / 2

1.3 使用IDLE / 11

    1.3.1 在Windows系统的计算机上运行 / 11

    1.3.2 在Mac系统的计算机上运行 / 13

1.4 你好，Python / 14

1.5 保存文件 / 15

1.6 运行程序 / 20

第2章 输出"HELLO!" / 23

2.1 琢磨不透的print( ) / 25

    2.1.1 引号和撇号 / 25

    2.1.2 转义字符 / 26

    2.1.3 换行 / 27

2.2 变量 / 28

2.3 有趣的输出 / 33

2.3.1　格式化字符串常量　/ 33
2.3.2　更简便的多行输出　/ 35
2.4　本章知识点总结　/ 36
2.5　练习关卡　/ 37
2.6　挑战关卡　/ 42

第3章　有趣的数字　/ 43

3.1　数值类型　/ 43
3.2　运算符　/ 44
 3.2.1　算术运算符　/ 44
 3.2.2　运算顺序　/ 46
 3.2.3　比较运算符　/ 48
 3.2.4　逻辑运算符　/ 53
3.3　本章知识点总结　/ 54
3.4　练习关卡　/ 55
3.5　挑战关卡　/ 65

第4章　字符串和它的新朋友　/ 68

4.1　字符串 + 运算符　/ 68
 4.1.1　字符串拼接　/ 68
 4.1.2　字符串的乘法运算　/ 70
4.2　列表　/ 71
 4.2.1　列表元素是有序的　/ 72
 4.2.2　通过索引获取列表元素　/ 73
 4.2.3　列表可以被切片　/ 74
 4.2.4　列表是可变的　/ 75
 4.2.5　对列表进行更多改变　/ 78
4.3　元组　/ 81

4.4 条件语句 / 82

4.5 本章知识点总结 / 86

4.6 练习关卡 / 87

4.7 挑战关卡 / 94

第5章 循环 / 97

5.1 for循环 / 97

5.2 while循环 / 101

5.3 本章知识点总结 / 107

5.4 练习关卡 / 108

5.5 挑战关卡 / 116

第6章 模块的使用 / 118

6.1 使用turtle模块 / 118

6.2 创建一个模块 / 119

6.3 给海龟建一个家 / 120

6.4 为海龟设置颜色 / 126

6.5 大海龟还是小海龟？ / 128

6.6 移动小海龟 / 130

6.7 涂鸦和绘制图形 / 134

   6.7.1 创建一支画笔 / 135

   6.7.2 创建一个形状 / 135

   6.7.3 为图形上色 / 139

   6.7.4 使用内置函数 / 140

6.8 本章知识点总结 / 146

6.9 练习关卡 / 147

6.10 挑战关卡 / 154

第7章　函数　/ 159
　7.1　函数的基本应用　/ 159
　　　7.1.1　参数　/ 160
　　　7.1.2　返回值　/ 163
　　　7.1.3　调用函数　/ 164
　7.2　本章知识点总结　/ 166
　7.3　练习关卡　/ 166
　7.4　挑战关卡　/ 174

附录A　最后的比特和字节　/ 181

附录B　练习参考程序　/ 183

第1章

欢迎来到 Python 世界

嗨！既然你都读到这里了，那你一定是个有趣并且充满好奇心的人。 为什么呢？因为你想学习如何编程呀！编程是一项超级酷的本领，它可以帮助你解决许许多多的难题，并搭建起一个奇妙的世界。在编程时，你将把人类的思维转换成机器能够理解的语言。

编程是建立在输入和输出这一概念上的行为。我们向计算机人为地**输入**一些信息或数据，计算机对我们输入的数据信息进行处理，随后再**输出**相应的反馈，这些反馈可以是一句话、一幅图片、一个动作或其他的一些结果。听起来很有意思，对吧？

猜猜看，有哪些情况可以算作输入/输出（I/O）呢？我来举个例子吧。当我们玩游戏时，按下手柄上的按钮，或者用手指在屏幕上左右滑动，这就是输入；而我们控制的游戏角色进行跳跃、躲避障碍、左右移动，这就是输出。如果用制作曲奇饼干来打比方呢？没错！我们把所有用来做曲奇饼干的原料看作输入；经过一系列的烘焙过程和对原料的加工，就得到了输出——烤好的香喷喷的曲奇饼干！

通过上面的例子，以及其他一些简单的小场景和与计算机之间的小对话，我们将一同探索如何在 Python 的世界里进行编程。你很快就能掌握它！对了，编程最大的优点就在于你可以在任何地方进行操作，只需要准备一台笔记本电脑或台式计算机（Windows 或 Mac 系统都可以），剩下的就交给我吧！

你准备好学习如何与计算机对话了吗？太棒了！那我们开始吧！

1.1 为什么选择Python

就像人可以理解各种不同的语言一样，计算机也能解读我们输入的各种编程语言。在本书中，我们将着重学习Python语言，因为Python便于理解，并且应用广泛。不仅如此，Python还是主流编程语言，以至于几乎世界上所有计算机在运行时都会用到Python。许多大型机构，如Google、Instagram、NASA还有Spotify等，它们的软件工程师也会用到Python。

1.2 安装Python

我想你肯定已经跃跃欲试，想要着手开始编写代码了，不过开始前，我们先得拥有合适的工具。接下来，我将带领大家一步一步地完成Python的安装。跟我来吧！

在Windows系统的计算机上安装Python

如果你使用的是Windows系统的计算机，那么可能你的计算机还没有安装Python，因为Windows操作系统通常并不会自带Python。不过没关系，我们可以自己安装它！

1. 首先打开计算机中的浏览器，如谷歌浏览器或火狐浏览器。
2. 在浏览器的地址栏中输入网址"https://www.python.org/downloads/"，打开Python官方网站的下载页面。
3. 通过网站后台神奇的代码，它或许已经识别出你正在使用什么样的计算机了，此时屏幕上会显示**Download（下载）**按钮，它将带领你找到最适合的Python安装版本。在我们的教学案例中，使用了编写本书期间最新的Python 3.7.0。如果此时网页建议你下载一个全新的版本，那么没关系，直接单击**Download**按钮开始下载吧。

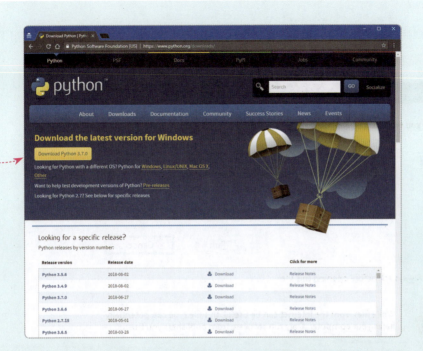

4. 此时，将会开始执行一个新的下载任务，并同时显示在浏览器窗口的下方，就像下图中箭头指示的那样。

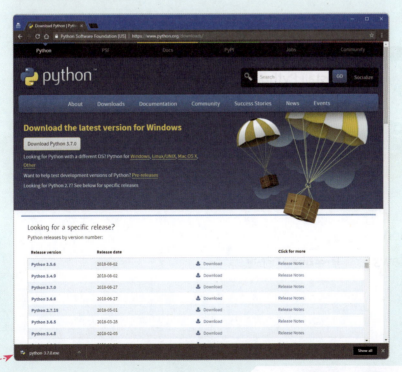

第1章　欢迎来到Python世界

5. 当下载完成后，双击下载的文件就可以开始安装了。此时，将会弹出一个如下图所示的对话框。

6. 单击**Run**按钮运行，接着你将看见下图所示的对话框（如果你的计算机使用的是32位操作系统的话，则会在Python版本后显示32-bit）。

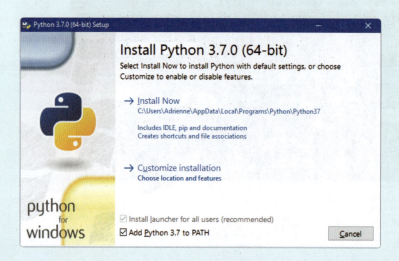

7. 记得选择"**Add Python 3.7 to PATH**"复选框。

☑ Add Python 3.7 to PATH

8. 单击**Install Now**，程序将开始安装Python。这时你会看到如下图所示的对话框。

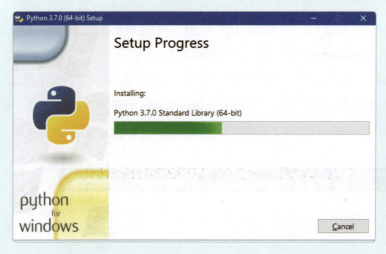

9. 绿色的进度条走完，表示安装结束。此时将会出现一个新的对话框，告诉你安装成功！

10. 大功告成啦！单击**Close**按钮，你就完成了在Windows系统上安装Python啦！

在Mac系统的计算机上安装Python

1. 打开计算机中的浏览器，如谷歌浏览器或火狐浏览器。

2. 在浏览器的地址栏中输入网址"https://www.python.org/downloads/"，打开Python官方网站的下载页面。

3. 通过网站后台神奇的代码，它或许已经识别出你正在使用什么样的计算机了，此时屏幕上会显示**Download**按钮，它将带领你找到最适合的Python安装版本。在我们的教学案例中，使用了编写本书期间最新的Python 3.7.0。如果此时网页建议你下载一个全新的版本，那么没关系，直接单击**Download**按钮开始下载吧。此外，你还可以在该网页中的**Files**（文件）处找到适用于你计算机的安装程序。

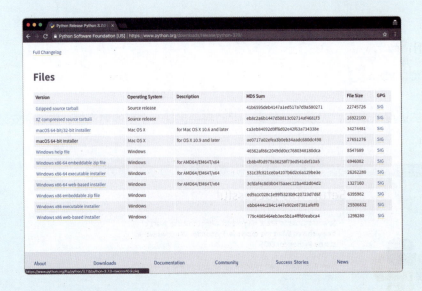

4. 单击相应版本号，开始下载。下载完成后，即可开始安装。

5. 安装程序启动后,你将看到下图所示的对话框。

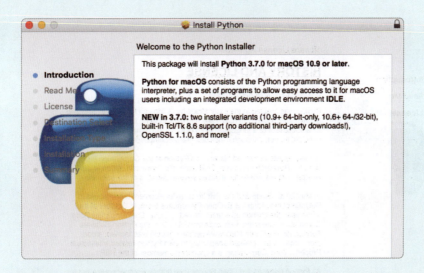

6. 单击**Continue**按钮,对话框将显示**Important Information**(重要信息),你可以选择阅读也可直接跳过。

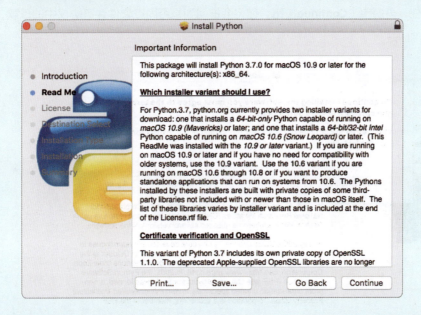

第1章 欢迎来到Python世界

7. 再次单击**Continue**按钮，对话框将会显示软件许可协议。

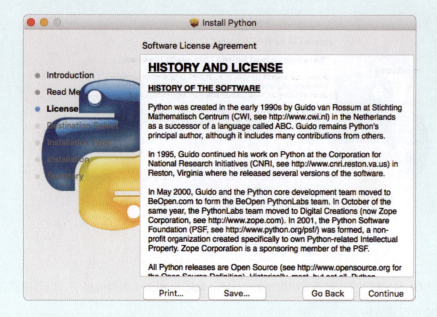

8. 坚持住！再次单击**Continue**按钮，你将会被问到是否同意软件许可协议中的条款，如下图所示。

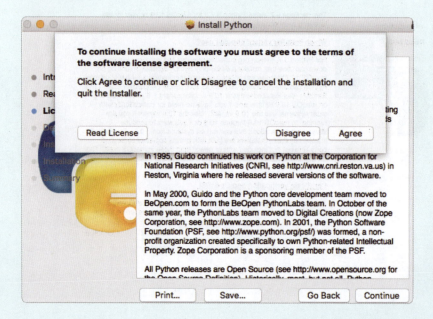

9. 单击**Agree**按钮，同意继续安装，你将看到下图所示的对话框。

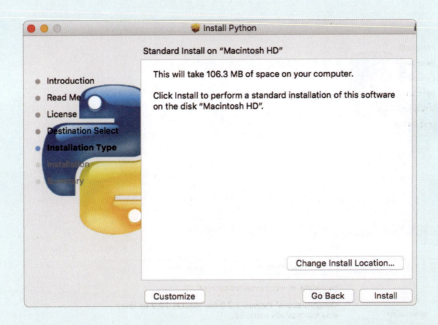

10. 单击**Install**按钮，进行安装。如果有需要的话，输入该计算机的用户名和密码。在安装新的软件时，Mac系统的计算机通常要求用户输入用户名和密码，以确保计算机安全。如果没有看到类似下图的对话框，则可直接跳过本步骤。

11. 安装开始啦!

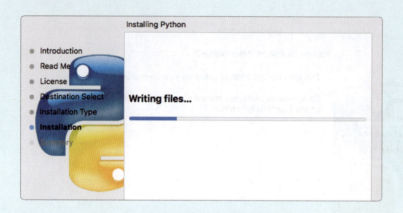

12. 安装完成后,你应该会看到下图所示的对话框。

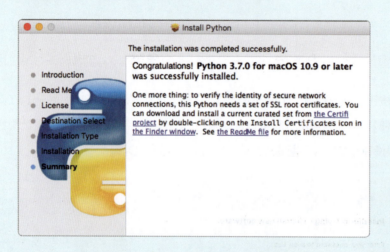

13. 好样的!你已经完成Mac系统上Python的安装啦!

>>> 你可能已经注意到了刚刚输入的这个网址"https://www.python.org/downloads/"或许你会问"https://"这几个字符真的有必要吗,或者我们为什么不直接从"www"开始输入呢?我的答案是:虽然Python可以很好地帮助我们跳转到正确的网址,但是输入网址时在前面加上"https://"是一个非常好的习惯,因为它可以确保计算机访问的是一个安全的网站。

1.3 使用IDLE

当你下载并安装好Python后，你还要安装一个名叫IDLE的应用。**IDLE**是Integrated Development and Learning Environment的缩写，叫作"综合开发学习环境"，可以帮助我们编写Python程序。你可以把它想象成一个带有某些附加功能的电子记事本，我们用它来编写、调试、运行代码。要使用Python，我们就要用到IDLE。直接打开Python文件是无法正常运行的！

我们赶紧来看看吧！

1.3.1 在Windows系统的计算机上运行

1. 单击Windows系统的计算机桌面上的"开始"按钮。

第1章 欢迎来到Python世界

2. 在应用中找到安装好的 **IDLE(Python 3.7 64-bit)**，也可以通过搜索"idle"找到它。注意：如果你的计算机使用的是32位操作系统的话，那么是**IDLE(Python 3.7 32-bit)**。

3. 打开IDLE后，会打开如下图所示的窗口。

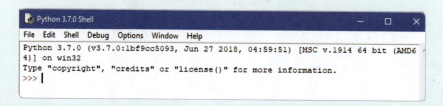

4. 太棒啦！你已经成功打开Windows系统中的IDLE了！准备好，我们要开始写代码啦！

1.3.2 在Mac系统的计算机上运行

1. 打开Finder（访达），在左侧的个人收藏中找到**应用程序**。

2. 找到Python 3.7文件夹并打开它，打开后的界面如下图所示。

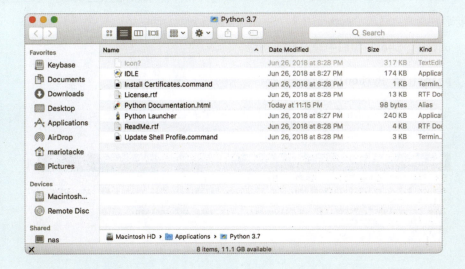

3. 双击IDLE图标。

4. 打开如下图所示的窗口。

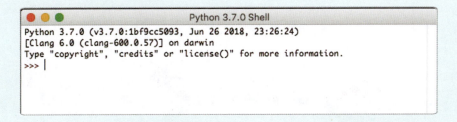

5. 祝贺你！你已经成功打开Mac上的IDLE了！快准备好，我们开始写代码吧！

1.4 你好，Python

既然已经安装好Python和IDLE了，我们就和Python问声好吧！首先打开计算机中的IDLE程序。注意，无论我们在什么时候打开计算机中的IDLE程序，都会首先看到一个叫作"Shell"的窗口，"Shell"是一个可以编写代码并进行编译的交互窗口。窗口上方的标题栏通常会显示"Python 3.7.0 Shell"，你看到就会明白了！

试着在"Shell"窗口中输入下面的代码：

print("Hi Python!")

现在，按下键盘上的**Enter**键，看到下面的界面了吗？

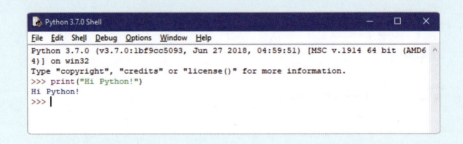

太棒了！你已经写好你的第一句Python代码了。拍拍自己的肩膀，或者和你旁边的小伙伴击掌吧！我们接着来学习一些更酷的东西。

1.5 保存文件

后面的章节中，我们将编写一些比较长的程序代码。如果能随时保存文件，将大大提高开发效率，这样就不用重复输入代码了。接下来，就教教大家如何随时保存文件。

1.4节中的"Hi Python!"项目虽然很短，但我们也来试着保存一下，这样就能知道保存文件这件事有多简单了。

首先，我们来创建一个新文件。

1. 在Shell界面的**菜单栏**中，单击**File**，弹出下拉菜单，这里有一系列菜单项，你可以进行选择。

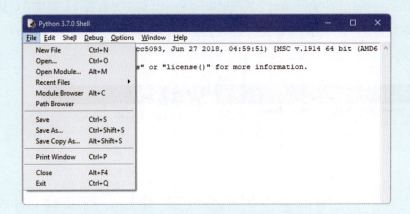

2. 在下拉菜单中选择**New File**命令，创建一个新的文件。

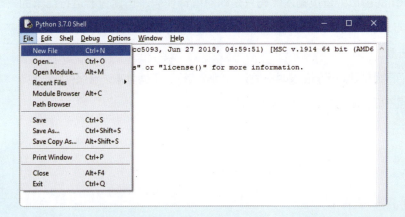

3. 系统将会打开一个新的窗口，如下图所示。

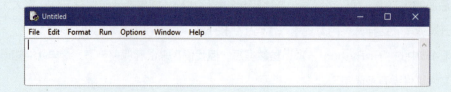

4. 使用Python输入下面这段代码：

print ("Hi Python!")

我们必须把问候语（Hi Python!）放在这段Python代码中，因为只有这样，计算机才能够理解并为我们显示出我们想要它展示的这段话。（放心吧，后面我们将会详细介绍相关知识。）

太棒啦！现在文件中有我们可以保存的代码了。这里要注意，我们刚刚仅在Shell的窗口中输入了这段代码，这就意味着一旦我们关闭了这个窗口，刚刚的代码将无法保存。在Shell的窗口中直接输入代码只是即时编译代码、迅速查看运行结果的一个比较便捷的方式。无论何时都要创建一个新的文件，时时刻刻记录你工作的痕迹，保存工作的进度。

刚刚我们已经创建好了新的文件并写好了问候代码，下面就来试着保存它吧！

可以按照下面的步骤在IDLE中保存文件。

5. 在Shell界面的**菜单栏**中单击**File**，弹出下拉菜单。

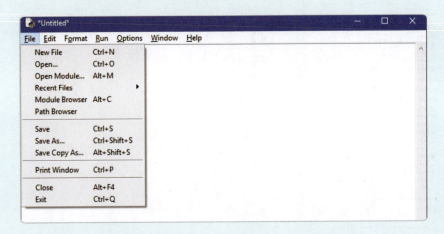

6. 在下拉菜单中选择**Save**命令。

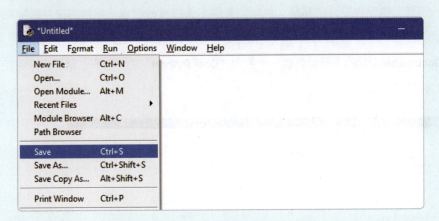

7. 在所弹出的对话框的**File Name**文本框中输入文件名。给文件起个名字吧，这里就叫它"greeting"好了。

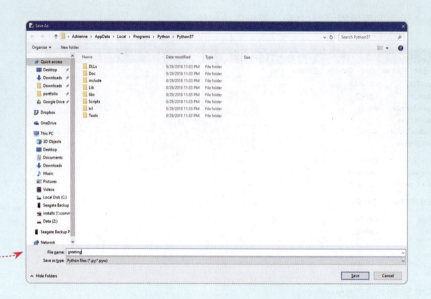

8. 一定要记得保存文件的路径，这里如果你不选择其他位置，新建的文件通常都默认保存在Python安装路径的根目录里。不妨来设置一个更加理想的存储路径：在 **Documents**（文档）下面新建一个名为"**Cool Python**"的文件夹，就用它来保存我们编写的程序吧！

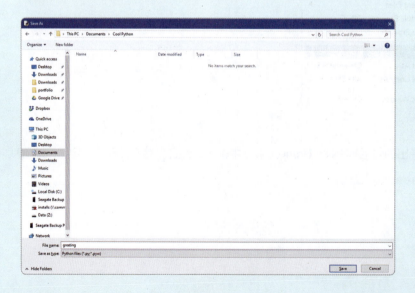

9. 单击**Save**按钮，保存文件，大功告成！

小妙招：键盘上的快捷键

保存代码或文件是编写程序过程中非常重要的一个环节，这对于一名经验丰富的程序员来说太常见了，因此常常使用某些特定的快捷键来进行类似保存这样的操作。下面就是一些编程时经常用到的快捷键。

Ctrl + S：这是一个标准的保存命令快捷键。你可以同时按住这两个键来快速保存当前进度，或者是保存一个新的文件。

Ctrl + N：可以帮助你快速创建一个新的文件。

Ctrl + C：可以帮助你快速复制当前选中的文本。首先需要使用鼠标选中想要复制的文字或代码：把光标放在想要选中的文本前，单击并按住不放，拖动鼠标直到所选文本的末端，然后再松开鼠标。当你选中所要复制的文本以后，就可以使用以上快捷键进行快速复制啦！

Ctrl + V：当复制好某一段文本后，你可以使用这个快捷键来进行粘贴。它可以把你选中并复制好的文本粘贴在任何你想要的位置。

Ctrl + Z：撤销动作，这或许是最棒的快捷命令了。如果你需要返回到上一步骤，或者找回刚刚不小心误删的代码，这个快捷键无疑将是你的救星！通过同时按住Ctrl键和Z键，系统将执行一次撤销命令，自动撤销最近的一次操作。你还可以多次使用这个快捷键来退回到更前面的位置或取消之前的更多操作。

1.6 运行程序

终于到最激动人心的时刻啦！当我们写好代码，保存，并准备好运行时，就可以跟随以下步骤来运行我们的代码了（如果你已经打开项目文件，可以直接跳过前4个步骤）。

1. 在Shell界面的**菜单栏**中单击**File**，弹出下拉菜单。

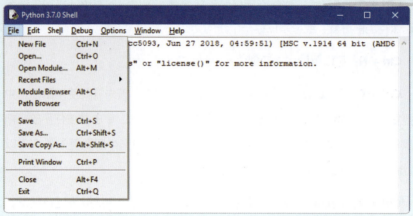

2. 选择**Open**命令。

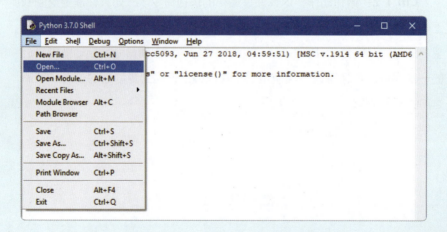

3. 弹出如下图所示的对话框,在该对话框中选择想要打开的文件。找到之前写好的名为"greeting"的程序,单击 **Open** 按钮,打开文件。

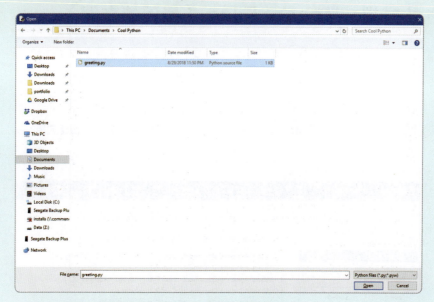

4. 打开一个独立的窗口。

5. 按下键盘上的F5键,代码将会开始自动编译,这就意味着计算机将执行你在代码中写下的指令任务。我们刚刚让它显示(print)一句话,它做到了!我想你已经看到Shell窗口中的问候语了。

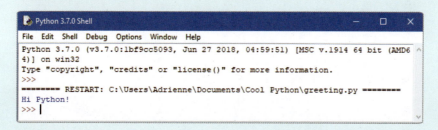

>>> **答疑解惑**:按下F5键不起作用?部分计算机,特别是笔记本电脑,需要在按下F5键的同时,再按下键盘左下角的Fn键,赶紧试试吧!

第1章 欢迎来到Python世界

小妙招：Recent Files（最近的文件）

一旦你开始写更多的代码，你会发现文件夹中有越来越多的文件和程序。为了便于我们找到想要的文件，IDLE提供了一个有趣的功能，它可以帮助我们记录最近打开并使用过的一系列文件。要打开最近编辑过的文件，只需要单击菜单栏上的**File**，然后在弹出的下拉菜单中选择**Recent Files**命令，如下图所示。

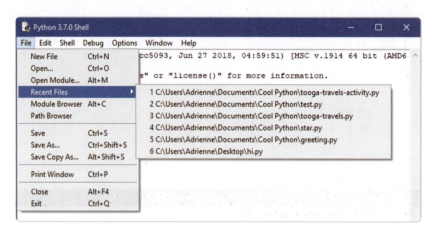

你将会看到一个列表，里面就是我们最近编辑过的文件，单击相应的文件名，就可以轻松地打开啦！比起在计算机的各个文件夹中四处寻找，这种方法能帮助我们更加轻松地找到想要的文件。

输出"HELLO!"

print() 函数是Python中最常用的函数之一,在很多情况下都会用到该函数,当然,我想你已经在第1章中掌握了它的使用方法。

print("Hi Python!")

一般来讲,**print()** 函数通常用于输出字符串(string),而 **string** 就是一系列字符的集合,也就是我们常说的文本。字符串是一种**数据类型**,就像它们的名字一样,不同的数据类型对于计算机来讲有不同的处理方式,比如还有integers(整数型)、booleans(布尔值)、lists(列表)等其他数据类型。不过不用担心,我们后面还会详细介绍。

print() 函数可以使用不同类型的**参数**,这些参数是我们提供给函数进行数据处理的。现在,我们只需要用到一个参数,就是在双引号" "中输入的部分。**print()** 函数将会调取这部分内容并输出,最终显示在控制窗口中。

观察控制窗口中的信息对于编程来说非常重要。如果我们想通过编写代码输出一段问候语,那么可以使用 **print()** 函数让代码生成这段文本。同样,在进行一些基础计算时,**print()** 函数也能输出计算后的结果。

编程时,**print()** 函数还可以用于**调试程序**(**debugging**),它可以帮助我们找到导致当前程序无法正常运行的**错误**(这些代码中的错误或问题叫作**bugs**)。在调试程序时,可以选择性地执行部分代码,来检验运行结果是否符合预期。先别着急,当我们处理变量或决策型代码块时,调试程序就会派上用场啦!

小妙招：注释和调试程序

一个很好的调试程序的方式就是"移除"所有与主程序无关的print( )函数。当然啦，这里的"移除"可以是直接删除这行代码，也可以是将这行代码"注释"掉。

注释（comments）是指不会被计算机编译的代码。你可以把它当作处于代码与代码之间用来注解或解释的文本，也可以当作我们希望计算机忽略的一段代码。要创建一段注释，只需要在那行代码前面加上一个"井"字符（#），此时计算机就不再对此行代码进行编译，也就是我们前面提到的"注释"掉了这行代码。正如你看到的那样，注释后的代码通常会变成醒目的红色，提醒我们这是一行注释。

```
# print("I should not be printed!")
```

所以，如果你怀疑某段代码导致了某个问题，你不必删除这段代码，你完全可以通过添加注释来进行测试。

```
print("Hello")
# print("You are a silly shoe!")
```

在上面两行代码中，计算机将会执行第一行代码，显示出Hello，并直接跳过第二段代码。因为我们输入的这个"井"字符命令计算机不要执行这段代码！哈哈，有趣吧？

有时也会有这样的情况，我们需要一段注释来帮助我们记住或理解某段代码的作用：

```
# This code prints out text to the shell
Print ("Hello there!")
```

当我们在编写更大段的程序时，注释将会变得非常实用！

2.1 琢磨不透的 print( )

在绝大多数情况下，你可以在 print() 函数中输入任何想要输入的语句。然而，在极少数情况下，某些特殊字符也会导致 print() 函数无法正常工作，就像是藏在计算机里的淘气鬼。我们来看看它们到底是谁。

2.1.1 引号和撇号

假如我们想要输出这样一句话："I'm so happy to be learning how to code in Python!"我们来试试下面这段代码：

print('I'm so happy to be learning how to code in Python!')

发生了什么？控制窗口里面出现这句话了吗？如果没有，没关系。事实上这句话确实是不会出现的，因为你可能是遇到第一个语法错误了。但从某种意义上来讲，我还是要恭喜你！

事情是这样的：当你在使用 print() 函数时，你是在告诉计算机："嘿，我需要你在控制窗口中显示出一些东西。"计算机回应道："好呀！让我看看你究竟想要让我显示什么？"随后，计算机便开始执行你输入的 print() 函数，并通过前引号和后引号来确定你想要它显示的内容。对于计算机来讲，这些引号标志着你想要显示内容的**起始点**和**结束点**。因此，一旦它在字符串里同时找到第一个和第二个引号，系统将默认语法结束，并自动忽略第二个引号后面的所有字符。当出现这种情况时，系统将自动反馈信息，提示出现**语法错误**（Shell窗口中将会显示**Syntax Error**）。

我们再回过头来看看刚刚这段代码，你发现其中的问题了吗？

问题就在这句话的最开始，计算机识别到第一个单引号，默认将其作为这句话的起始点。下一个引号出现在"I'm"中，它其实是一个撇号。这时，计算机就会认为"嗯……好吧，它是这个字符串里面出现的第二个引号了，那这里应该就是这句话的结尾了。等等，那后面这一长串又是在讲什么呢？管它呢，还是先告诉人类我不明白到底是怎么回事吧。"然后，就是你看到提示出现语法错误啦。

你确实在那句话的末尾提供了与前引号对应的后引号呀，你或许会有疑问："为什么系统不能识别正确的前、后引号呢？"这是因为计算机在执行 **print()** 函数时，只会寻找那段代码中的第一个和第二个引号之间的部分。一旦它找到第二个引号，在此之后的所有内容就都会被它忽略掉。

如果还想要完整地输出这个句子，那我们该如何修复这个错误呢？其中一个办法就是使用双引号，就像这样：

print("I'm so happy to be learning how to code in Python!")

这时，计算机识别到第一个引号为双引号。当它继续检索这个字符串时，它只会寻找对应的另外一个双引号。注意，在Python中，既可以使用**单引号**，也可以使用**双引号**，但是只能选定一种使用。在这种情况下，双引号通常是最合适的选择。

对于这个问题，还有一个解决办法，就是使用转义字符。

2.1.2 转义字符

在代码中，有一些特殊的字符叫作**转义字符**，它可以帮助我们发出一些特殊的指令，让计算机真正理解我们输入字符的真实含义。对于Python来说，这个字符就是反斜线符（\）。需要注意的是，在计算机的键盘上通常会有两个斜线符：正斜线符（/）和反斜线符（\）。可以通过倾斜方向来对它们进行区分。正斜线和问号在同一个键上，而转义字符需要用到的反斜线通常在Backspace键旁边（对于Mac计算机，通常在键盘的Delete键下方）。

要使用转义字符，我们只需要在"I'm"中的"'"前加上一个反斜线符，这样计算机就能理解：这里的"'"只是一个撇号而已，而不是这句话的结束点。

那么刚刚的那句话就应该是这样的：

print('I\'m so happy to be learning how to code in Python!')

你也用改进后的代码来试试吧。相信我，这次肯定能成功！

在上面的例子中，当计算机在寻找一对相互匹配的单引号时，我们通过转义字符使它成功跳过了"I'm"中的撇号。因为计算机一看到转义字符，它就明白："哦，既然你告诉了我这个绝对不是后引号，那我就继续接着往后找吧！"

当你需要输出一段含有多个特殊字符的文本时，使用转义字符将会极为方便，特别是单引号、双引号、反斜线符等同时出现在一句话里的时候。

再举个例子，试着运行这段代码：

print("\"Kumusta\" is \"Hello\" in Tagalog!")

你发现计算机是如何输出带有双引号的"Kumusta"和"Hello"了吗？是的，就是这样。这句话中，需要用这些引号来突出这两个单词的含义有多么相近。好吧，其实它们就是两种语言下的同一个单词。

2.1.3 换行

有时，我们在使用 **print()** 函数时还会碰到另外一个捣蛋鬼，那就是多行输入这种情况。比如下面这段话，如何输出这种形式的内容呢？

Here is

a sentence

on many

different lines.

在程序语言中，我们通常把换行叫作 line break 或 line feed。这时，同样需要用转义字符来告诉计算机另起一行：只需要输入一个反斜线符（\）和一个小写的字母"n"，就像这样"\n"。快结合前面学到的知识，试着输出上面的这句话吧。

看看你写的代码与下面的一样吗？

print("Here is \na sentence \non many \ndifferent lines.")

加了转义字符的单词虽然看起来有些奇怪，但输出的结果总算是我们想要的。一定要注意，计算机只会按照程序语言的逻辑如实输出引号起始点和结束点之间的内容，甚至包括空格符哟！

道理很简单：在前面的例子中，我们通过转义字符"\"告诉计算机忽略后面的撇号。这里我们同样使用转义字符"\n"来告诉计算机："嘿，你能把'\n'后面的所有内容重新另起一行吗？"这时计算机就像最懂你的小伙伴，它会自动按照你的意思进行相应的操作。

2.2 变量

下面我们该隆重介绍一下"变量"这个概念了。编程时我们时时刻刻都会用到它，因此它也是一个非常重要的知识点。在进入下阶段的学习前，我们最好先弄明白它的含义，以便更加深入地学习编程。

变量其实就我们通常所说的标签，只不过换了一个更加高大上的名字。变量被用来记录一系列的信息，就像我们在日常生活中使用标签一样。

- 比如在公司里，某些职员通过佩戴胸牌来告知他人自己的姓名等基本信息。
- 食品包装上的营养表同样也是标签。上面记录着食品的热量、糖分含量及其他成分等诸多信息。
- 衣服上的标签也是一样，通过它可以看到衣服尺码、设计师、价格，甚至有时还会看到检验人员的名字。

通过日常生活来发现与编程相关的概念真的很有意思。你可能还没有发现，对于变量这个概念，你或许已经非常熟悉了。不相信？那我们一起来试着运用一下吧！

在编程时，变量就像衣服上的标签或食品包装上的营养表一样，它也可以帮助我们存储各式各样的数据信息，如字符串、数据、表单等。

那么我们该如何创建变量呢？不妨试着创建一个变量来存储一下本书作者的名字吧（嘿，就是我），就像这样：

```
author = "Adrienne"
```

是的，没错！这里的变量 **author** 就相当于"Adrienne"这个字符的标签。

道理很简单：在创建变量时，先给它起一个名字 **author**，这有助于我们后面理解这是什么信息。然后在后面输入等号（＝），用来告诉计算机我们将要给 **author** 这个变量一些信息，请它记录下来。这个过程在编程中叫作**赋值**，或者叫给变量赋值。最后我们输入这个变量需要记录的信息内容。在上面这个例子中，就是作者的名字"Adrienne"啦。

现在，用你自己的名字来写点什么吧。我们来创建一个新的变量，叫作 **reader**。试着把你的名字赋值给这个变量吧。比如，我们用 Casey 这个名字。紧接着下一行，使用 **print()** 函数在窗口中输出 reader 这个变量。最终的代码应该就像这样：

reader = "Casey"

print(reader)

现在按下 **Enter**（回车）键，怎么样？看到窗口中显示你的名字了吗？

对了，关于变量还有一个有趣的地方。比如，你把这本书送给了你的好朋友 Alex。显然，此时变量 **reader** 的值已经不再是 Casey，应该是你朋友的名字才对！那么试着把你朋友的名字重新赋值给变量 **reader** 吧，不要修改其他地方的代码哦！现在代码应该就是这样的：

reader = "Alex"

print(reader)

再次按下 **Enter** 健。现在你朋友的名字显示出来了，对吧？很好！我想我们真的应该好好感谢计算机，这个家伙就好像拥有超能力一样，是不是想知道它究竟是如何做到的？

哈哈，别着急。实际上是这样的，当计算机看到一个变量时，它会认为："噢，人类想让我记住这条数据，那我就在**寄存器**中腾出一些空间来存储这条数据吧。对了，我还得做个标记，用来记录下存储的位置，在人类需要再次用到它的时候我可以迅速找到它！"

第 2 章 输出"HELLO!"

换行符的历史

现在，我们已经知道，无论什么时候，只要想输出一行新的文本，就可以使用换行转义字符来实现。你知道"换行"（line feed）这个词是怎么来的吗？

在计算机出现之前，人们通过打字机来写论文或写书。

你或许已经见过了，打字机需要我们以一种特殊的方式放入纸张，然后费很大的劲儿将每个字母打印到纸上，接着再移动打字机的某个部位。此时，为了让纸张移动至下一空行，一些打字机要求我们转动固定纸张的轮轴，这样就可以给机器"喂入"另一张空纸，来供我们进行打印。这就是"换行"这个术语的来源！

非常井井有条，对吧？计算机真是伟大的发明！寄存器是计算机的中央处理器中一个存储信息的地方，你可以把它当成一个巨大的、网状结构的书架，里面有许许多多的格子，可以用来存放东西。这个网状结构可以帮助计算机标记存储信息所在的位置，以便于我们再次需要时能够迅速地找到它。

我们刚刚用到的变量存储的都是字符串（或文本），但是正如我们更早之前提到的那样，变量同样可以存储其他类型的数据。比如，我们想要创建一个变量来存储我们最喜欢的数字，该如何做呢？

`favorite_number = 3`

与前面的道理相同：

- 我们首先给变量起个名字：`favorite_number`。
- 然后我们对变量进行赋值，在这里，就是数字3。

你注意到了吗，这里数字3的两边没有使用引号，猜猜为什么？

我们通过字符串来告诉计算机，当前输入的是文本信息。同样，整型数值也可以告诉计算机，当前输入的全都是整数。在Python中，**整型**（integers）专门用来表示整数。

无论什么时候，在使用整型作为变量时，只需要输入相应的数字即可，就像我们平时所看到的那样。不要再使用引号，否则计算机会错误地把它当成一个字符串。为了帮助大家理解，我们用Python中的**type()**函数来做个实验吧，这个函数可以告诉我们当前数据的类型。试试在窗口中输入下面的代码吧：

```
favorite_number = 3
type(favorite_number)
```

结果怎么样？这里的`favorite_number`是什么类型呢？是不是显示`<class 'int'>`？太棒啦！正如我们所料，因为int就是整型integer的缩写。现在，如果我们在数字两边加上引号：

```
favorite_number = "3"
type(favorite_number)
```

结果又是怎样的呢？居然变成了**字符串**！哎呀，我们成功地"欺骗"了计算机，让它认为我们存储的是一个字符串变量。哈哈，所以这就是为什么在处理整型时（或者后面学到的其他任意一种数值类型），我们都不能使用引号。再次强调，数值两边都不需要使用引号。

关于变量的更多知识

在编程时，我们时时刻刻都会用到变量。下面还有一些特殊案例，在我们创建变量时需要特别注意。

变量的名字不能以数字开头

当命名一个变量时，你应该在一定程度上对它进行描述。但是一定要遵循几条原则，其中之一就是不要将数字作为开头进行命名。我们不妨试着创建一个，看看会发生什么。

```
100_days_of_code = 100
```

出现语法错误了，对吧？正如我刚刚说的，Python似乎并不喜欢我们用数字来作为变量的名字。这是因为计算机在编译代码时，一看到数字，它会默认后面的代码全部都是数字。而事实上，当它发现后面还有其他内容并且意识到我们实际上是想创建一个变量时，它便完全摸不着头脑了。

同时对多个变量命名时应使用相近的形式

对于变量的命名，有无数种方式，但最重要的是，只能选取其中一种方式并保持前后一致。

你或许已经注意到了，到目前为止，我们创建的所有变量全部使用的都是小写字母，如果名字超过一个单词，可以用下划线来代替每个单词间的空格。此外，还有一些其他命名方式，比如：

驼峰命名法（camelCase）：第一个单词的首字母小写，但是后面所有单词的首字母均大写。

例如：

`numberOfCookies`

帕斯卡命名法（PascalCase）：变量名中所有单词的首字母均大写。

例如：

`NumberOfCookies`

没有哪种命名方式是最好的，我们只需要选取一种最容易理解的，并一直保持这种方式即可。为什么要这样呢？这是因为只有每次都准确地输入变量名，计算机才能有效地识别它。所以，如果你一会儿输入`favorite_number`，一会儿又输入`FavoriteNumber`，程序肯定不能正常运行，因为计算机把它们当成了不同的变量。

> >>> **答疑解惑**：为什么我们需要在某个变量名的两个单词之间加上下划线？
> 这是因为Python不能识别变量名中的空格。我们要么省略掉空格（如nospaceatall或NoSpaceAtAll），要么用下划线将每个单词连接起来（如underscores_between_words）。如果不小心使用了空格，程序依然会提示错误。

变量名应该表达一定的含义

最后还值得注意的是，变量的名字要具有一定的描述性。这意味着当你再次回过头来阅读之前写下的代码时，可以迅速理解当前变量的含义及它所存储的是什么类型的数据。

下面就是一些很棒的变量名：

- mood = "happy"
- Age = 10
- favorite_color = "purple"
- number_of_books = 4

下面是一些不太恰当的变量名：

- a = 5
- num_pens = 13
- curDay = "Thursday"
- fAvOrItE_DrInks = "coffee"

发现它们的区别了吗？记住，在使用变量时最好选择含义明确且格式一致的命名方式。

目前，我们已经掌握一些基础知识了，不过，还有很多东西等着我们去挑战呢。让我们继续前进吧！

2.3 有趣的输出

刚刚我们学习了如何使用变量，那么现在我们试着通过 **print()** 函数用变量来进行一些有趣的操作吧。我会告诉你怎么做，跟我来吧！

2.3.1 格式化字符串常量

不要被"格式化字符串常量"这几个字吓到啦，我来解释一下吧。如果我们可以对字符串中的某一部分内容进行调整，那么对于字符串的使用将会变得非常高效。不知你是否还记得，在前面的章节中，我们所使用的字符串绝大部分都是一些完整的句子，并且我们是知道实际想要输出的内容，我们并不需要修改它。

但是，如果我们需要对句子中的某部分字段进行修改呢？比如之前的这个例子（我已经替换成双引号了）：

> print("I'm so happy to be learning how to code in Python!")

想象一下上面的这句话，假如对于学习Python这件事，你感到的不仅仅是**happy**（高兴），而是**ecstatic（热情高涨）**，或是**overjoyed（狂喜）**，再或者是**delighted**（愉快）等，你将如何改变句子中相应的字段来描述你此时的心情呢？

这就可以使用格式化字符串常量啦！

在Python的世界，我们可以使用**格式化字符串常量（f-strings）**来设定一种特殊的方式，替换字符串中的某一部分内容。首先，需要使用字母**f**对整个字符串进行转义，接着找到需要进行替换的**字段**，用**花括号{ }**把它括起来。下面举例说明。

首先创建一个变量：

> food = "cake"

没有变量的话，格式化字符串将无法对字段进行替换。接下来，输入需要格式化的字符串：

> f"I like {food}"

继续操作，按下回车键，你就会看到运行结果：

> 'I like cake'

道理很简单：当我们在字符串前面使用了修饰符**f**后，计算机就明白你将要创建一个**f-strings**啦。一旦它清楚了这件事，计算机便像往常一样开始寻找引号的起始点和结束点。当它遇到花括号{}时，就明白："噢，这应该就是人类想让我替换的那部分内容啦，让我看看这个字段。'food'？我知道这个变量，我还记得存储它的位置！让我迅速读取一下……找到啦！这个变量里面装着的是'cake'。好的，把cake这个词放进去，再移除格式化字符串变量的占位符。完美！"当所有字段都替换完成后，计算机将在窗口中自动输出最终的结果。

是不是很酷？

现在回到前面关于用"ecstatic"替换"happy"这个问题上来，如何通过**f-strings**搭配使用**print()**函数呢，下面我们就来搞定它！

既然我们已经知道形容词"happy"是这里唯一需要被替换的字段，并且未来还有可能替换成更多其他的形容词，那么我们最好还是把它放进一个变量里，就像这样：

feeling = "happy"

也就是说，我们创建一个叫**feeling**的变量，并把"happy"赋值给它，因为，"happy"是我们目前所想要表达的情绪。

接下来，我们看看之前的这个句子，除我们用来描述情绪的这个形容词需要被替换以外，其余的部分都不需要调整。因此，可以把**print()**函数中的参数替换成一个f-strings：

print(f"I'm so {feeling} to be learning how to code in Python!")

接着将这段代码保存在一个独立的文件中，对它进行重命名，然后重新打开它，修改feeling变量的值。对，就是那个形容词！再次选择**File**下拉菜单中的**save**命令，保存。现在，我们来运行这段代码（按下F5键）。看到更新形容词后的新句子了吗？太棒啦，现在可以通过**print()**函数输出我们在学习Python时的不同感受了！要知道，在后面的学习中，当我们需要替换字符串中更多的字段时，这种方法将会变得非常有用！

2.3.2 更简便的多行输出

你还记得在前面的章节中我们是如何输出多行文本的吗？通过转义字符"\n"实现。不过这种方式会令我们的代码看上去有些奇怪，阅读起来也不方便，比如下面这行代码：

print("Here is \na sentence \non many \ndifferent line.")

现在，有了f-strings，我们可以让代码变得更加简单方便。我们来重新编写这段代码：

multiline_sentence = """
　　Here is
　　a sentence
　　on many

```
        different lines.
"""
print(f"{multiline_sentence}")
```

看上去简单多了,不是吗?

道理很简单:我们这里创建了一个叫作"**multiline_sentence**"的变量,然后把这几行文字按照我们想要让它显示的样子赋值给这个变量。你肯定注意到了,不同于以往常见的双引号,这里我们使用了一个新的转义字符——**三引号**。这就意味着我们可以用一对三引号作为这几行文字的起始点和结束点(可以是三个双引号,也可以是三个单引号,但是要注意,只能两两相配地使用,不能单、双引号混合使用)。接着,我们就可以用f-strings来进行输出啦。最后,计算机就会按照我们所输入的内容及形式,直接输出三引号之间的字符串,也就是通常所说的"所见即所得"啦。

2.4 本章知识点总结

在这一章中,我们学习了关于**print()**函数的知识点,下面再来回顾一下吧。

- 用**print()**函数来输出代码中的某段文字。
- 对于某些特殊的字符或文本,**print()**函数无法直接进行输出,但是通过转义字符就可以轻松实现!
- 我们可以输出**单行**文本,也可以输出**多行**文本。

另外一个重要知识点就是**变量**,我们可以把它当作存储信息的容器,编程时总是会用到它。我们也来回顾一下:

- 变量的名字不能以数字开头。
- 变量的命名应该采用相似的形式,要么所有变量采用下划线的形式,要么都用相同形式区分大小写。
- 变量的命名应具备一定的描述性,便于我们理解。

最后,我们还学习了几种有趣的输出方式,特别是**格式化字符串常量(f-strings)**。

- 格式化字符串常量可以通过变量来输出文本。

- 格式化字符串常量可以帮助我们"所见即所得"地输出我们所输入的内容，甚至是多行文本。
- 格式化字符串常量可以让代码更加简洁明了。

2.5 练习关卡

现在，我想你已经掌握了 `print()` 函数的概念及用法，既然它在 Python 中如此重要，我们来做些小练习巩固一下吧！

练习1：介绍自己

接下来，我们还将和计算机一起工作很长一段时间呢，还要拜托它帮助我们完成一大堆任务。在与计算机成为好朋友之前，我们或许应该好好介绍一下自己！

做些什么呢

那就用 `print()` 函数向计算机做一下自我介绍吧，让你的介绍显示在控制窗口中。

预期输出效果

```
"Hi! My name is Adrienne."
```

练习2：引用一段引文

引文通常就是我们原文转述某个人的话，常见的引文一般都像这样：

"这里是你要转述的这句话。"——说这句话的人

做些什么呢

在网上搜索一句引文或自创一句吧，可以是励志名言，也可以是某个电影中的搞笑台词，甚至是你的家人曾经说过的某句话。通过 `print()` 函数输出一段与下面范例类似的引文。注意，为了确保输出的引文带有双引号，需要准确使用转义字符。

预期输出效果

First, solve the problem. Then, write the code. —John Johnson

练习3：我的心情是一个变量

一般来说，我们的心情每天都会发生变化。前一天我们还活力四射，可今天突然情绪低落，或许明天到了周五，我们又会变得很开心。总之，无论我们的心情如何，我们都可以创建一个变量来存储它。

做些什么呢

创建一个变量来存储你今天的心情，接着使用格式化字符串常量和变量输出你今天的感受吧。

预期输出效果

"Today, I feel curious!"

练习4：输出你的诗句！

日本有一种古典短诗，三句为一首，称为俳句。其中首句和末句有五个音节，中间句有七个音节，音节是构成语音中最基础的单位。比如"Python"这个词就有两个音节，分别是"Py"和"thon"。

做些什么呢

我们来试着写一首短诗，并以正确的样式对它进行输出吧！以我写的这首为例：

Adrienne enjoys

Coffee, lots of coding, and

Teaching you Python

当你写好很符合俳句形式的这三句话，（你看出来上面三行的首句和末句分别是哪五个音节、中间句是哪七个音节了吗？）创建一个新的文件并按照下面的步骤，在控制窗口中输出你自己的诗句吧。

写诗句的步骤

1. 声明一个变量来存储你的诗句：

    ```
    haiku = """
        Adrienne enjoys
        Coffee, lots of coding, and
        Teaching you Python
    """
    ```

2. 开始输入print( )函数：

    ```
    print(
    ```

3. 输入字符"f"，创建一个格式化字符串常量：

    ```
    print(f
    ```

4. 接着输入双引号的起始点：

    ```
    print(f"
    ```

5. 再输入格式化字符常量中需要被替换的部分。在这个例子中，就是我们的变量haiku：

    ```
    print(f"{haiku}
    ```

6. 离成功只差一步了！最后输入双引号结束点和括号结束点：

    ```
    print(f"{haiku}")
    ```

    太棒了，你刚刚在Python的代码中写了三行日本古诗！保存文件并运行代码（按F5键），来看看控制窗口中显示的结果吧。现在，你既是一个程序员，又是一个诗人啦！

练习5：看起来有些蠢的故事

你玩过"疯狂填词"这个游戏吗？就是让一个人给出几个不同类型的单词，如颜色、数字、形容词等，然后把这些单词一一对应，填到一篇他可能从来没有见过的一段故事里，最后把这个新的故事读给他听。你会发现，这些摸不着头脑的搭配会让故事产生奇妙的变化。

做些什么呢

既然我们已经掌握了如何使用格式化字符串常量来替换字符串中的某个部分，那我们就来试着编写一个程序，搭配上你的朋友给出的单词，输出这个看起来有些蠢的故事吧。

1. 新建一个文件，用来存储这个有些傻的程序。
2. 创建4~5个不同类型单词的变量，比如：

   ```
   name = ""
   adjective = ""
   favorite_snack = ""
   number = ""
   type_of_tree = ""
   ```

   这里没有对任何变量进行赋值，你可以稍后请你的朋友提供几个单词，把这里的空补上。

3. 再创建一个新的变量来存储这个目前看起来还算正常的故事。你可以使用下面的故事模板，当然，你也可以自己写一个：

   ```
   silly_story = f"""
     Hi, my name is {name}.
     I really like {adjective} {favorite_snack}!
     I like it so much, I try to eat it at least {number} times every day.
     It tastes even better when you eat it under a {type_of_tree}!
   """
   ```

4. 最后，通过print()函数来输出这个故事：

   ```
   print(silly_story)
   ```

5. 现在，赶紧去找一个小伙伴按类别任意给你几个单词吧，然后赋值给你的变量，保存文件并运行代码。看看程序生成的故事，是不是有些蠢呢？哈哈……

练习6：可以重复使用的变量

某个变量的值可以再次赋值给一个新的变量。我们来看看如何避免使用重复的代码来输出我们的名字吧。

做些什么呢

首先创建一个变量来存储我们的名字：

```
first_name = 'Adrienne'
```

接着，创建第二个变量full_name。为了避免重复输入first_name变量的值，我们可以使用格式化字符串常量和已经存在的变量first_name来对full_name进行赋值。最后用print()函数输出变量full_name。

预期输出效果

```
"Adrienne Tacke"
```

练习7：更好的变量名

嘿，快看，一个朋友编写的程序遭到了黑客的攻击！有人恶意篡改了代码中的所有变量的名字，变成了现在这样：

```
80 = "Adrienne"
98_cookie_39 = "Chocolate chip cookies"
fIrSt_NAMe = 20
LAST_name = "Blue"
```

```
309384 = "Adrienne Tacke"

Hellllooooooooooooo_839298r = "Software Engineer"
```

完蛋了……这下程序肯定不能正常运行了。这些人真是坏透了！

做些什么呢

你能试着修改这些变量的名字吗？让它们具备一定的描述性和前后一致性，并且不再出现语法错误。最后，使用f-string输出所有变量的值来确保它们确实可用。

预期输出效果

```
"Adrienne Chocolate chip cookies 20 Blue Adrienne Tacke Software Engineer"
```

2.6 挑战关卡

多层蛋糕

我们来做一个蛋糕吧！只不过，这是用字符做的"字符蛋糕"。这里有几个成品：

```
       (0)                    @@@@              [**]
      (000)                  {    }            [*****]
     (00000)                @@@@@@@           [*******]
    (0000000)              {        }
   (000000000)            @@@@@@@@@@@
                         {            }
```

运用你所掌握的全部关于多行字符串、格式化字符串常量及变量的知识，编写一个程序来输出自己的"字符蛋糕"吧！

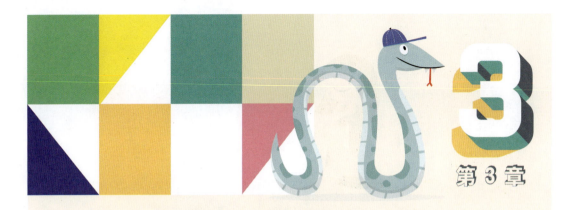

第 3 章

有趣的数字

除了字符串，构成代码的另一个重要元素是**数值类型**。在编写程序时，它可以帮助我们计数、完成数学运算、记录信息等。理解不同数值类型的作用，并掌握它们的正确使用用法，这对将来更加深入地学习编程非常重要。

3.1 数值类型

在使用Python编程时，我们通常会用到两种主要的数值类型：整数（integers）和浮点数（floats）。绝大多数情况下用到的都是整数，它包括了0以及所有的正整数和负整数。在前面学习变量时，或许你已经对它非常熟悉了。还有一种数值类型叫浮点数，虽然用到的地方不多，但我们也还是应该掌握它。

浮点数也叫**浮点型数值**（floating point numbers），同时由整数部分、小数部分以及小数点组成。例如：

```
my_gap = 3.47
```

尽管这看起来很像十进制的数字，但其实它们并不完全相同。一般只有在需要精确计算时，才会用到浮点数。实际上，Python内置了一个基于浮点数的模块，叫作十进制模块（decimal module）。

3.2 运算符

在前面学习变量时,已经提前接触到了整数的相关知识。下面,再来看看如何使用整数进行运算吧。

在编程时,这些特殊的运算符号通常都代表着相应的运算行为。如果你用过计算器的话,应该非常熟悉这些运算符号,在这里,我们把它们统称为**算术运算符**。而这些用来进行运算的数值则称为**操作数**。在这里所用到的操作数都是数字。

3.2.1 算术运算符

算术运算符有时也叫作数学运算符,可以用它来进行一些基础的数学运算。在下面的表格中,大多数算术运算符都可以用我们所熟知的数学计算方式来进行计算,只有少部分例外。

运算符号	运算符名称	描述	示例	输出结果
+	加	数值相加	4 + 5	9
−	减	一个数减去另一个数	10 − 5 5 − 10	5 −5
*	乘	数值相乘	9 * 6	54
/	除	一个数除以另一个数 （输出结果始终为浮点型）	8 / 4 9 / 4	2.0 2.25
%	求余	一个数除以另一个数，得到一个整除的结果后，取剩下的余数作为结果	12 % 5 12 % 6	2 0
//	向下取整除法	一个数除以另一个数，结果只取商的整数部分，小数部分舍去	4 // 3 4 // 2	1 2
**	乘方（幂）	一个数的n次方	2 ** 5	32

为了进一步观察这些运算过程，先在命令行窗口中创建以下两个变量：

a = 6

b = 3

现在，就可以直接在命令行窗口中对这两个变量使用不同的运算符了。随便挑几个试试吧，就像这样：

a + b

b ** a

a % b

还不错吧？为了更好地掌握这些知识，我们来试试将这两个操作数和所有的运算符进行搭配，看看运算结果会怎么样。计算机是一个数学高手，相信你也是！可以对照下面的表格，看看结果是否一致。

下面表格中引出了可能出现的运算组合以及对应的结果。

运算组合	结果	运算组合	结果
a + b	9	a + a	12
b + a	9	a - a	0
a - b	3	a * a	36
b - a	-3	a / a	1.0
a * b	18	a % a	0
b * a	18	a // a	1
a / b	2.0	a ** a	46656
b / a	0.5	b + b	6
a % b	0	b - b	0
b % a	3	b * b	9
a // b	2	b / b	1.0
b // a	0	b % b	0
a ** b	216	b // b	1
b ** a	729	b ** b	27

3.2.2 运算顺序

在使用算术运算符进行计算时，还需要遵循一定的**运算顺序**。也就是说，运算需要按照一定的先后顺序进行，尤其是在同一行代码中有多个运算时。假如有一个变量需要进行多次运算才能得到，这就好比我们在餐厅结账时，同样需要多次计算才能得出最后需要支付的费用一样。

```
total = 20 + (20 * 0.0825) - 1.5 + 3
```

在这里，括号中的数值是我们需要额外支付的消费税，加上实际消费的金额（最前面的加法运算），扣除优惠券抵扣的金额（括号后面的减法运算），以及支付给服务员的小费（第二个加法运算），最后就得到了最终需要支付的费用。经过这一系列的运算之后，最终的结果是多少呢？我们一起按照正确的运算顺序来算算吧。

1. 括号内的运算

对于有括号的算式，计算机总是会先计算出括号内的数值，括号的优先级最高。因此，对于上面这个例子，首先会计算消费税这部分金额（0.0825代表消费税占消费金额的8.25%）。

2. 求幂

接下来应该执行的运算是求幂。当计算机看到 ** 运算符时，它会将一个数字提升到另一个数字的右上方。也就是说，如果你在命令行窗口中输入"2**4"，将会得到16，因为2的4次幂（或者2^4，即2 x 2 x 2 x 2）等于16。由于晚餐费用的运算中没有求幂的运算，那么我们直接进入下一步运算。

3. 乘法和除法

按照运算顺序，接下来是乘法和除法。乘法和除法具有相同的重要性，所以如果乘法和除法计算出现在同一行代码中，应从左往右依次进行运算。例如，在下面的计算中：

```
4 * 3 / 2
```

由于从左往右第一个是乘法，因此我们应该首先计算**4 * 3**（结果为12）。接着继续向右计算**12 / 2**，得到最终的计算结果6。

在这里的晚餐费用运算中同样没有其他的乘法和除法（括号中我们已经计算过了），可以继续进入下一步的操作了。

4. 加法和减法

接下来的运算是加法和减法运算，加法和减法一般放到最后。在计算完括号中的消费税以后，晚餐账单现在看起来就像这样：

```
total = 20 + 1.65 - 1.5 + 3
```

现在，只剩下了一些加法和减法的运算。由于加法和减法具有相同的重要性，所以只需要按照从左到右的顺序计算。来看看剩下的步骤：

首先把20和1.65相加，得到 **21.65**。

接着用21.65减去1.5，得到 **20.15**。

最后用23.15加上3，得到 **23.15**。

按照运算顺序，我们的最终结果是23.15。不过请注意，上面所有的运算步骤实际上都不会在命令行窗口中显示出来，我们只是通过模拟计算机执行的相同步骤来查看它是如何运算的。

3.2.3 比较运算符

下面介绍的另一组运算符，叫比较运算符。正如它们的名字一样，比较运算符可以帮助我们将某个值与另一个值进行比较。在使用比较运算符时，程序将返回**布尔值**（**Boolean type**）**True**或者**False**作为运算结果。比较运算符和布尔值可以帮助我们在执行代码时做出判断或者决定，因此非常重要。

总共有6个比较运算符，都很容易理解，我们来分别认识一下吧。

大于

大于运算符：>。

在使用它时，计算机将会判断符号左边的值是否大于符号右边的值。比如：

```
3 > 7
```

当你编写这段代码时，计算机会思考："3大于7吗？绝对不是！ 最好告诉人类，这是**错误**（`False`）的！"

试试在你的命令行窗口中输入这行代码，看看它会告诉你什么。是不是`False`？那就对啦！

小于

小于运算符：`<`。

这次，计算机将会判断运算符左边的值是否小于符号右边的值。我们试着用这个运算符来运行下面这行代码，看看会发生什么吧！

```
3 < 7
```

命令行窗口中显示的什么？是不是`True`（**正确**）？太棒啦，很明显是对的，因为3确实小于7！

大于等于

大于等于运算符：`>=`。

第一个符号是大于号，后面一个符号在前面的章节中见到过，在给变量赋值的时候用到了等号（=），而这里的等号是一个运算符，用来判断运算符左边的值是否等于右边。

这个运算符的特殊之处就在于，它的作用还不仅仅如此。

这个运算符包括两个符号，计算机需要同时判断运算符左边的值是否**大于**右边，或者是否**等于**右边。以上两个条件满足其中一个，计算机返回的值就为`True`。看看下面这行代码，你觉得返回结果是什么呢？`True`还是`False`？

```
4 >= 3
```

是`True`，对吧？真棒！因为4的确大于3，大于运算符在这里是成立的。即使第二个等于运算符并不成立（因为4很显然不等于3），但是只要两个条件中有一个条件成立，计算机依然会返回`True`。

再来看看下面这行代码：

```
3 >= 3
```

它的结果同样也是 `True`！不过这次是等于运算符成立，而不是前面的大于运算符。

那再看看这行代码呢：

```
1 >= 3
```

返回值是 `False`！因为两个运算符都不成立。首先1不大于3，因此大于运算符不成立；1很显然也不等于3，那么第二个等于运算符也不成立。正因为两个运算符都不满足条件，因此计算机最终输出结果为 `False`。

小于等于

小于等于运算符：<=。

就像大于等于运算符一样，我们需要确认该运算符中的两个条件至少有一个成立。对于小于等于运算，我们要比较左边的数值是否小于或者等于右边的数值。

在命令行窗口中输入下面这行代码，你认为会返回什么结果呢？

```
1 <= 3
```

结果是 `True`。只要有一个运算是正确的，那么整个运算返回的结果都是 `True`。

再看看下面这个表示呢？

```
8 <= 8
```

还是一样，输出结果依然是 `True`，因为这里的等于运算符是成立的。

等于

等于运算符由两个等号组成：`==`。

相较于前面两个运算符，等于运算符就简单多了，就像它的名字一样，计算机将会比较运算符左边的数值与右边的数值是否相等。这对我们来说简直是小菜一碟！

快看看这行代码的结果如何？

```
23 == 22
```

False！

那么这个呢？

```
10 == 10
```

True！

不过，等等！这里还有一个比较棘手的问题：

```
10 == "10"
```

如果你回答**False**，那恭喜你，答对了。如果回答是**True**的话，也没有关系，因为这个问题确实具有一定的迷惑性。不过我保证，听完我的讲解后，你一定不会再被难倒了！

实际情况是这样：当我们使用**等于**运算符时，我们要求计算机确定"=="符号左侧和右侧的值是否相等。虽然它们看起来似乎真的一样，但聪明的计算机可不这么认为：

"嗯，又有一个表达式需要让我进行判定。让我看看，10等于"10"？哈！太狡猾了。肯定是**False**！左边的值是数字10，它是整数型；右边的值也是10，但它是一个字符串类型（引号告诉我的）。这就意味着它们的值其实并不相同，因为整数永远不可能与字符串相等！所以答案只能是**False**！"

文本有时看起来的确像（或者是）数字，就像我们在本章中所用到的大多数示例一样。但是真的可以用文本来进行计算吗？并不能。你不可能把数字20加到"cookies"这个单词上吧？那答案该成什么样了？！

这就是计算机不会将整数和字符串视为相同类型的原因。因此，当我们使用等于运算符时，请记住，只有两者的数据类型相同时，计算机才会对它们的数值、数字或者文本进行比对。

不等于

不等于运算符：!=。

与它的名称一样，不等于运算符要求计算机确定"!="符号左侧的值是否与右侧的值不同。在命令行窗口中编写代码之前，先试着猜猜下面几个例子：

1. `5 != "five"`
2. `10 != "10"`
3. `4 != 3`
4. `9 != 9`

我们还是来一一验证一下吧！

1. 第一个表达式的结果为`True`。它询问这两个值是否不相同，这确实应该为`True`。虽然有些让人迷惑，但还是要提醒大家，一定要注意两个值是否是同一数据类型。整数型与字符串型之间并不能画等号，而不等于运算又恰好是在判定它们是否不相等，因此返回的结果必然是`True`！

2. 第二个例子也是`True`。即使它们看起来像是相同的数字，但右边的值仍然是字符串类型！和前面一样，计算机再次遇到判断整数类型的10与字符串类型的"10"是否不相等这类情况，由于它们不是同一数据类型，因此返回结果为`True`。

3. 第三个例子的结果也是`True`。我们可以直观地看到数字4与数字3不同，所以结果为`True`。

4. 第四个例子的结果为`False`！我们先看左边的值，为数字9；而右边的值，是另一个数字9。注意，我们这里使用的是不等于运算符，因此，命令行窗口中返回的结果为`False`。

有用的技巧：Python的数学模块

在编程时，经常会用到一些常见的数学计算或者概念，因此，Python为我们创建了一个特殊的**模块**并内置在程序中供我们使用，它叫作数学模块。数学模块具备许多功能，比如进行指数运算或加法运算，甚至还可以为我们提供数学中某些特殊的值（比如π）。

3.2.4 逻辑运算符

逻辑运算符通常用于对 True 和 False 两种布尔值进行运算，返回的值同样也是布尔值。逻辑运算符的使用将会使我们的决策规则更加复杂，这也就意味着我们的代码将会变得更加智能。听上去有些难以理解，不过不用担心，下面先来看看这三个常用的逻辑运算符：and，or 和 not。

and

逻辑与运算符（简称"与"），它用来判定左右两边的值是否均为 True。

假如我们的代码中有一个节点，需要两个条件都同时满足时才能运行，这时候我们就需要用到 and 运算符。

想象一下，假如在一个提供比萨的自助餐厅，你既喜欢意大利香肠比萨，同时也喜欢蘑菇比萨，但如果规定只能拿取一块比萨，那么你应该非常乐意选取这两者的混合口味。

但你遗憾地发现，只剩下意大利香肠比萨了，蘑菇比萨没有了。我们把这两个信息先存放到变量中：

```
pizza_has_pepperoni = True
pizza_has_mushrooms = False
```

为了选到最喜欢的比萨，需要查看比萨是否同时含有意大利香肠和蘑菇。这时，就需要用到 **and** 运算符了，就像这样：

```
pizza_has_pepperoni and pizza_has_mushrooms
```

and 运算符可以帮助我们同时查看两边的条件是否都满足：这块比萨有意大利香肠 and 这块比萨有蘑菇。如果以上两个条件都满足，我们才会选择这块比萨。然而从上面的变量来看，似乎只有一个条件的值为 True，很遗憾，最终结果为 False，这意味着我们一块比萨都没有拿。

or

逻辑或运算符（简称"或"），用来判定左右两边至少有一个值为 `True`。

我们接着回到刚才比萨的例子。虽然我们没有找到同时有意大利香肠和蘑菇的比萨，但我还是想要吃点什么。只要比萨上面有意大利香肠或者蘑菇，我们都可以选择。为了辨别比萨是否含有意大利香肠或者蘑菇，你可以这样写代码：

```
pizza_has_pepperoni or pizza_has_mushrooms
```

这样的话，只要比萨含有意大利香肠或者蘑菇中的一种，我们都会选择它。

not

逻辑非运算符（简称"非"），用来判定值是否为 `False`。

我们会选择任何只要含有意大利香肠或者蘑菇的比萨，但是不喜欢洋葱比萨。我们创建一个变量 `pizza_has_onions`，并给它赋值为 `True`。为了确保我们不会选到洋葱比萨，这里就需要用到 **not** 运算符：

```
not pizza_has_onions
```

这行代码读起来似乎有点好笑，但确实应该这样表述。

3.3 本章知识点总结

本章为我们介绍了数字及其相关的一系列知识。

- 我们最常使用的数值类型有两种：分别是整数型 **integers** 和浮点数型 **floats**。
- 运算符是一些特殊的字符，用来进行一系列的操作。我们最先学到的就是**算术运算符**。
- 算术运算符与我们在数学中学到的运算符号类似。
- 在使用算术运算符时，要按照一定的运算顺序依次进行运算，这非常重要。
- 正确的运算顺序，权重从高到低依次是：括号内的运算、乘方、乘法、除法、加法、减法。
- 在相同权重的运算中，如果有多个运算，则按照从左到右的顺序依次进行。

我们学到的另外一组运算符为**比较运算符**，它可以用来比较两个值的大小。

- 我们可以用运算符来比较一个值是否大于（>）、小于（<）、大于等于（>=）、小于等于（<=）、等于（==）或者不等于（!=）另外一个值。

最后，我们还学习了关于**逻辑运算符**的用法，它可以做出更加智能的对比。

- **and运算符**：判定左右两边的值是否均为True。
- **or运算符**：查看左右两边的值是否至少有一个为True。
- **not运算符**：决定某个值是否为False。

在下一章，我们还将继续学习更多关于字符串等其他知识！

3.4 练习关卡

练习1：你多大了

之前，我们已经向计算机介绍过自己了，现在，我们再来丰富一下这段介绍，再说说我们的年龄吧。

做些什么呢

找到之前写好的`print()`函数（就是之前向计算机做自我介绍的那个程序），试着使用`f-string`来重新输出这段自我介绍。创建两个变量，一个叫`name`，另一个叫`age`。先把我们的名字赋值给变量`name`，接着将一个数学运算（结果等于你的年龄）赋值给变量`age`。比如：

```
age = 20 + 7
```

最后，试着使用`f-string`、变量`name`和变量`age`输出这一段新的自我介绍吧！

预期输出效果

```
"Hi! My name is Adrienne and I am 27 years old!"
```

练习2：运算顺序

算术运算符在运算时需要遵循一定的运算顺序。你能试着运用所学知识来创建一个超级算式吗？

做些什么呢

首先创建一个名为 **magic_number** 的变量。接着，给它赋值一个特殊的运算，确保最终运算结果为333，并且这个运算还要满足以下条件。

- 必须至少使用**运算符一次；
- 必须至少使用%运算符一次。

当该运算成功赋值给变量 **magic_number** 后，使用 **print()** 函数输出该变量，并确保最终结果为333。

练习3：比一比巧克力饼干

假如你和你的朋友有一些巧克力饼干。在你们都开心地吃着零食的时候，突然一位小朋友说："我的巧克力饼干上有最多的巧克力片！"而你却认为，"我想我的才是最多的。"现在，其他的小朋友也都很好奇，看着各自手里的饼干，想着该如何跟大家的饼干进行比较呢。你能通过代码来判断谁的观点才是正确的（**True**）吗？你和你的朋友究竟谁的巧克力片更多，谁的更少呢？还有其他人的巧克力呢？

我们同样可以编写一个小程序来帮助我们做出判定。让我们开始吧！

想象一下，假如我们发明了一台能够扫描饼干上巧克力数量的机器，我们将扫描出的巧克力的数值分配给相应的变量。你将如何使用比较运算符来做出判定呢？

做些什么呢

对于任意两个小朋友，使用 **print()** 函数来输出他们两人拥有巧克力片的数量，以及你所使用的比较运算符，最后判断该比较运算的值是否为 **True**。看看下面这个例子。

Dolores和Teddy都有一些饼干。Teddy认为，他饼干上的巧克力明显比Dolores的多，但Dolores可不这么认为。我们就来看看究竟谁的巧克力多吧。

"滴滴滴……"机器开始扫描啦!

太好了,我们已经扫描完所有人的饼干啦,下面就是饼干扫描仪反馈的结果:

dolores_chocolate_chips = 13

teddy_chocolate_chips = 9

Teddy认为,他的饼干的巧克力片比Dolores多。我们把这句话写成比较运算的形式,该如何写呢?

teddy_chocolate_chips>dolores_chocolate_chips

就是这样!由于Teddy认为他比Dolores拥有更多的巧克力片,因此这里我们需要使用大于运算符(>)。现在,我们该如何输出这场巧克力对决的最终结果呢?小提示:我们可以使用f-string!再给你一个小提示:完整形式的比较运算可以被当作变量使用!

print(f"Teddy's cookie has more chocolate chips than Dolores's. This is {teddy_chocolate_chips > dolores_chocolate_chips}!")

虽然看起来有些长,不过总算能正常运行!

下面,还有一些小朋友需要你的帮助。试着为下面几对小朋友编写一个类似的print()函数,并判定他们的想法是否正确吧。

Rey and Finn

Rey认为他拥有的巧克力片少于等于Finn的。

rey_chocolate_chips = 10

finn_chocolate_chips = 18

Tom and Jerry

Tom认为他和Jerry的巧克力片不相等。

tom_chocolate_chips = 50

jerry_chocolate_chips = "50"

Trinity and Neo

Neo说他拥有的巧克力片和Trinity的一样多。

```
neo_chocolate_chips = 3
trinity_chocolate_chips = 3
```

Gigi and Kiki

Kiki说她饼干上的巧克力片比Gigi的少。

```
kiki_chocolate_chips = 30
gigi_chocolate_chips = 31
```

Bernard and Elsie

Bernard认为他拥有的巧克力片不会比Elsie的少。

```
bernard_chocolate_chips = 1010
elsie_chocolate_chips = 10101
```

练习4：馅饼派对

真是让人兴奋的一天，我们要帮助镇上最好的面包师为今天的馅饼派对做准备！为了确保每个人都能吃到自己喜欢的口味，面包师米格尔想知道每种馅饼皮需要烤多少份。目前我们已经掌握了一些信息，但你需要编写一些代码来确切地告知米格尔先生需要烘烤多少馅饼和哪些馅饼皮！

以下是我们所知道的信息：

```
total_people = 124
graham_cracker_crust_lovers = 40
vanilla_wafer_crust_lovers = 64
oreo_crust_lovers = 20
```

Pie Types

Chocolate and Caramel Pie

```
pie_crust = "graham cracker"
pie_slices = 10
```

Triple Berry Pie

pie_crust = "vanilla wafer"

pie_slices = 12

Pumpkin Pie

pie_crust = "graham cracker"

pie_slices = 12

Apple Pie

pie_crust = "vanilla wafer"

pie_slices = 10

Banana Cream Pie

pie_crust = "vanilla wafer"

pie_slices = 10

Mango Pie

pie_crust = "graham cracker"

pie_slices = 12

S'mores Pie

pie_crust = "oreo"

pie_slices = 12

做些什么呢

使用逻辑运算符、**print()** 函数还有 **f-strings**，写几段代码分别判断每一种不同馅饼皮（pie crust）的馅饼是否能完美均分给所有喜欢它的人。

预期输出效果

'The Chocolate and Caramel pie can be evenly divided for all Graham CrustLovers? True'

练习5：服装搭配

Cher和Dionne即将参加一个聚会。作为时尚达人，她们当然不想打扮得和对方一模一样，不过有一些共同元素是可以的，特别是她们都喜欢粉红色。让我们写一些代码来帮助她们实现个性化的装扮吧！

做些什么呢

使用下面提供的变量，运用你所掌握的 **print()** 函数以及合适的逻辑运算符，编写一段代码来帮助Cher和Donnie一一检查她们的装扮！下面有一些描述两位女孩装扮的变量：

```
cher_dress_color = 'pink'
cher_shoe_color = 'white'
cher_has_earrings = True
dionne_dress_color = 'purple'
dionne_shoe_color = 'pink'
dionne_has_earrings = True
```

对于每一项装束的比对，首先选出两者相对应的变量；接着，使用恰当的逻辑运算符通过代码将两者进行对比；最后，使用 **print()** 函数输出该项装束对比的声明，并用 **True** 或者 **False** 来反馈该声明的结果。

对比结果示例

At least one person is wearing purple.

要判定这个声明，对于这一项装束需要用到下面两个变量：

cher_dress_color, dionne_dress_color

选择一个合适的逻辑运算符来对当前实际情况进行判断。对于这项装束来说，只需要确定至少有一个人dress_color的值为purple就可以了（对于前面这个表述进行逻辑运算，至少有一个返回值为 **True**）。这样看来，用or运算符应该是最恰当的。

最后，使用or运算符对该项装束进行比对，然后将结果放进print()函数输出。

```
print(f"At least one person is wearing purple? {code to check that either cher or dionne's dress is purple}")
```

输出结果示例

At least one person is wearing purple? True

Outfit Check 1

Cher and Dionne have different dress colors.（Cher和Dionne穿不同颜色的衣服。）

Outfit Check 2

Cher and Dionne are both wearing earrings.（Cher和Dionne都穿喜欢的衣服。）

Outfit Check 3

At least one person is wearing pink.（至少一个人穿粉色的衣服。）

Outfit Check 4

No one is wearing green.（谁也没穿绿色的衣服。）

Outfit Check 5

Cher and Dionne have the same shoe color.（Cher和Dionne穿同样颜色的鞋子。）

预期输出效果

Cher and Dionne have matching dress colors? False
Someone is wearing pink? True

练习6：逻辑实验室

我们已经掌握了Python中常用的三组运算符：算术运算符、逻辑运算符和比较运算符。这里需要派它们上场，因为Ada需要我们帮助她整理实验室材料。

做些什么呢

创建一个名为"adas-materials-report"的文件,并保存。接着,声明下面几个变量:

```
beakers = 20
tubes = 30
rubber_gloves = 10
safety_glasses = 4
```

Ada的三个朋友将来实验室帮助她,所以需要确定每个朋友是否有足够的材料。为了安全地进行实验,他们每个人需要用到以下材料:

1 pair of safety glasses
2 rubber gloves
5 beakers
10 tubes

掌握这些情况后,创建几个新的变量来存储布尔值(**True**或者**False**),这些布尔值可以反映是否具有足够的数量提供给我们的四位小科学家:

```
enough_safety_glasses = <Write some code here!>
enough_rubber_gloves = <Write some code here!>
enough_tubes = <Write some code here!>
enough_beakers = <Write some code here!>
```

注意,上面的占位符`<Write some code here!>`所在的位置,需要替换成自己的代码。首先使用合适的算术运算符判定每个人都能得到应有数量的材料,接着使用比较运算符将前面的代码组合起来,得到**True**或者**False**的布尔值,最后赋值到"enough_safety_glasses"等变量中。

完成上面的赋值以后,通过这几个变量,结合逻辑运算符再判断以下几个声明是否成立:

- There are enough gloves and safety glasses for each girl.

- There are enough tubes or enough beakers for each girl.
- Each girl has enough safety glasses and beakers or enough tubes and beakers.
- Each girl has enough gloves, safety glasses, tubes, and beakers.

比如，在第一个声明中 "There are enough gloves and safety glasses for each girl"，我们可以将 **enough_rubber_gloves** 和 **enough_safety_glasses** 这两个变量通过 **and** 运算符进行比对。

最后，把所有的数据信息都放进 **final_report** 变量中：

```
final_report = f'''
    Here is the final report for lab materials:
    -
    Each girl has enough safety glasses: {add the right variable here}
    Each girl has enough rubber gloves: {add the right variable here}
    Each girl has enough tubes: {add the right variable here}
    Each girl has enough beakers: {add the right variable here}
    -
    There are enough gloves and safety glasses for each girl: {write some code here}
    There are enough tubes and or enough beakers for each girl: {write some code here}
    Each girl has enough safety glasses and beakers or enough tubes and beakers:{write some code here}
    Each girl has enough gloves, safety glasses, tubes, and beakers: {write some code here}
'''
```

使用 **print()** 函数输出这个变量，记得替换掉上面花括号中的代码，看看最终的结果吧！

第3章　有趣的数字

练习7：数学模块

做些什么呢

使用**求余运算符**写一些代码，试着计算一些无法整除的数字。输出最后得到的余数。

例如：`12345 % 88`。

练习8：星际探索

科学家Angie需要我们的帮助！她一直致力于探索其他星系的行星数量，并与我们太阳系中的九大行星进行比较（严格来讲只有八大行星，不过即使冥王星是一颗矮行星，Angie还是不想把它排除在外）。你能写一些代码来帮助她计算其他星系总的行星数量吗？

做些什么呢

要使用乘方运算符输出其他星系的总行星数量，不能忘了先声明太阳系行星数的变量。

```
total_planets = 9
```

示例行星

Pentatopia星系的行星数量是9^5个。通过 **print()** 函数输出Pentatopia星系的行星数量吧！

代码示例

```
print(f"The Pentatopia galaxy has {write code to calculate what 9 to the power of 5 is} planets!")
```

输出结果示例

```
The Pentatopia galaxy has 59049 planets!
```

Angie的星系研究笔记

分别写出计算的代码：

Tripolia星系：行星数量是9^3个。

Deka星系：行星数量是9^{10}个。

Heptaton星系：行星数量是9^7个。

Oktopia星系：行星数量是9^8个。

3.5 挑战关卡

晚餐吃什么

假如我们在一家自助餐厅里，这里有各种不同的食物可供选择。有面条区、比萨区，以及许多其他美食区域。当然，还有最重要的：甜点区。可遗憾的是，所有菜品的指示牌已经完全被弄混了，所以通过指示牌我们根本无法确认它们究竟是否就是我们想要的食物！

我们需要编写一个程序，通过指示牌来帮助我们从自助餐中挑选出不同的食物。我们将如何确保只选择我们想要的食物呢？

做些什么呢

就用我们第2章写过的那段代码来试着编写另一个程序，让它帮助我们决定晚上吃些什么吧！

给你的名字、不同的菜式创建几个变量，并将你的选择赋值给它们吧：

```
name = ""
entree = ""
side_one = ""
side_two = ""
dessert_one = ""
dessert_two = ""
dessert_three = ""
```

创建另一个变量来存储你晚餐的全部选择。可以使用下面的模板，或者自己写也可以！

```
dinner_decisions = f"""
    Hi, my name is {name}.
    chose {entree} as my main meal!
    To go with it, I chose {side_one} and {side_two} as my sides.
    And the best part, I have {dessert_one}, {dessert_two}, and{dessert_three}
    waiting for me for dessert!
    Let's eat!
"""
```

结合最开始我们声明的变量，通过比对下面各菜式中提供的变量，查看是否恰好有你之前选择的食物，如果有，把它赋值到你的dinner_decisions变量中。

自助餐食物指示牌

Entrees

```
pepperoni_pizza = "91334"
hamburger = "cheeseburger"
steak = "0980sdf3"
pasta = "ribs"
fried_chicken = "fried chicken"
```

Sides

```
baked_potato = "mashed potatoes"
mashed_potatoes = "baked potato"
french_fries = "french fries"
mac_n_cheese = "33333"
steamed_carrots = "green"
broccoli = "chocolate chips"
```

Desserts

chocolate_ice_cream = "chocolate ice cream"

strawberry_ice_cream = "vanilla ice cream"

apple_pie = "pumpkin pie"

egg_pie = "302948"

watermelon = "oranges"

vanilla_donut = "cereal"

逻辑运算符完成判定后，使用 print() 函数输出最终的晚餐菜单：

print(dinner_decision)

完成后，保存程序，并运行。看看你最终选择的菜单吧！

第4章

字符串和它的新朋友

4.1 字符串 + 运算符

在上一章中,我们了解了运算符以及如何将它们运用到不同的数值类型中。你知道吗?运算符还可以搭配字符串使用。下面让我们一起来看看!

4.1.1 字符串拼接

Concatenation,意为"串联",是指把不同的事物连接起来。通过加法运算符(+),我们可以把不同的字符串拼接起来。我们知道,在对数字使用加法运算符时,符号两边的数值会进行相加。而两个不同的字符串"相加",会产生什么样的结果呢?一起来试试吧:

```
print("basket" + "ball")
```

没想到吧?我们把"basket"和"ball"两个分开的字符串拼接在了一起,并创建出一个新的字符串"basketball"。

当计算机看到加法运算符时,它说:"好的,人类希望我在这里做些加法。让我看看这些值是多少。"接着,当它看到你试图将两个字符串组合在一起时,它说,"好吧,很显然不可以像两个整数相加那样处理两个字符串的'相加',应该把这两个字符串拼接在一起,然后作为一个新的字符串返回给人类。"非常合乎逻辑!这正是两个字符串"相加"的方法。

例如,我们想把我们的姓和名字拼接起来,要怎么做呢?

首先，需要一个地方来分别存储我们的姓和名。你是在想变量吗？真棒，这就是正确的开始！

first_name = "Adrienne"

last_name = "Tacke"

现在，我们已经存储好了我们的名字和姓氏，那么如何将它们作为全名连接在一起输出呢？我们在编程过程中发现，总有不止一种方法可以实现我们的想法！我们可以直接在**print()**函数中使用加法运算符：

print(first_name + last_name)

或者，也可以创建一个新的变量来存储我们的全名，并输出这个新的变量：

full_name = first_name + last_name

print(full_name)

不过，你注意到了吗？这里输出的结果似乎有些不对劲。这两个名字靠得太近了，结果如下图所示。

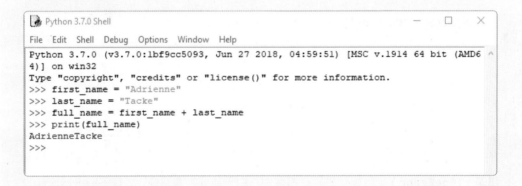

注意，计算机只会按照你的要求如实进行相应的操作。在上面的案例中，它的确是按照我们的要求，将姓和名放在了一起。如果我们想要按照正确的格式输出一个姓名的话，就需要在名字中间加一个空格。要如何实现呢？我们也有几种方式来实现它。

我们可以在**first_name**和**last_name**两个变量中间，加上一个实际的空格，如下所示：

```
full_name = first_name + " " + last_name
print(full_name)
```

或者，我们可以在变量first_name中提前加上一个空格：

```
first_name = "Adrienne "
```

或者，在last_name变量的前面加上空格：

```
last_name = " Tacke"
```

这样，当我们输出串联后的名字时，空格就自然在里面啦！

```
full_name = first_name + last_name
print(full_name)
```

你还能想到其他能够正确输出姓名的方法吗？

当我们试着把整数和字符串进行相加时会得到什么呢？这可以实现吗？我们来试试下面的代码：

```
print(3 + "Cookies")
```

可以输出我们想要的连接字符串吗？并不能！我想你已经意识到了。

正如前面说到的一样，当计算机遇到加法运算符时，就知道我们想要将一些东西加在一起。但当它看到需要相加的一个值是整数，而另一个值是字符串时，它想"嗯，整数和字符串怎么可能'加'在一起？我不太确定人类究竟想要让我做什么。最好还是让他们知道我不理解他们的代码吧。"然后，你将得到计算机返回给你的**类型错误（TypeError）**，这是计算机在提醒你"由于数据类型问题"，你不能进行这样的操作。

4.1.2 字符串的乘法运算

在Python中，我们同样可以对字符串进行乘法运算！该如何操作呢？试试这样：

print(5 * "balloon!")

命令行窗口中是不是出现了5个balloon？（或者说"balloon!"的文本连续出现了五次？）

哇，你真厉害！正如我们看到的，乘法运算符对于字符串同样起作用，就和整数相乘一样。只不过最终的结果不是某个值的多少倍，而是重复多次显示该字符串。

4.2 列表

列表同样是Python中非常有用的数据类型之一。正如它的字面意思一样，它是一系列元素的集合。利用列表我们可以同时处理大量的数据。

创建一个列表，为其命名，并将一组元素赋值给它。这组元素的集合存储在方括号中**[ ]**，每个元素分别用逗号隔开。使用字符串作为元素时，需要将每个字符串分别放在单引号中！比如下面这个列表，里面存储着我最爱吃的甜点：

my_favorite_desserts = ['Cookies', 'Cake', 'Ice Cream', 'Donuts']

列表可以存储各种各样的数据。我们可以创建一个字符串列表，就像这样：

citrus_fruits = ['Orange', 'Lemon', 'Grapefruit', 'Pomelo', 'Lime']

或者整数列表：

bunnies_spotted = [3, 5, 2, 8, 4, 5, 4, 3, 3]

还有布尔值列表：

robot_answers = [True, False, False, True, True]

更意想不到的是，列表中的元素可以不是同一种数据类型。你甚至可以创建一个混合数据类型的列表：

facts_about_adrienne = ['Adrienne', 'Tacke', 27, True]

第4章 字符串和它的新朋友

灵活的数据类型让列表变得非常有用。列表还有一些有趣的功能，下面我们来一一介绍吧。

4.2.1 列表元素是有序的

当我们创建一个列表时，它不仅存储了这组元素的集合，同时也记录了它们的顺序。

列表的有序性很重要，因为它会影响我们更改列表的方式、访问列表元素的方式以及列表之间的比较。为了更加直观地感受列表元素顺序的重要性，我们来试试下面的代码：

```
citrus_fruits = ['Orange', 'Lemon', 'Grapefruit', 'Pomelo', 'Lime']
more_citrus_fruits = ['Orange', 'Grapefruit', 'Lemon', 'Pomelo', 'Lime']
citrus_fruits == more_citrus_fruits
```

结果会是什么呢？它们是相同的列表吗？

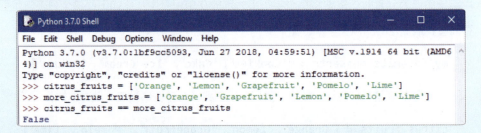

当然不是！

正如我们在第2章中学到的，当计算机看到等于运算符（==）时，它知道我们想要比较符号两端的值。当看到第一个值时，它说："好的，这里有一个**citrus_fruits**列表，里面存储了**Orange**，**Lemon**，**Grapefruit**，**Pomelo**还有**Lime**。"计算机接着查看第二个值，它说："现在，第二个值是**more_citrus_fruits**列表，里面有**Orange**，**Grapefruit**，**Lemon**，**Pomelo**还有**Lime**。两个列表储存着一样的元素，不过让我再看看它们的顺序。噢！**citrus_fruits**列表中**Lemon**的索引值为1，而**more_citrus_fruits**列表中该位置的元素为**Grapefruit**。既然这两个列表中的元素顺序并不一致，在我看来，那么它们就不相等。该告诉人类结果啦，那就是**False**。"

现在，你已经明白列表必须具有相同的元素和一致的顺序才能真正相等。那你能试着创建另一个列表，对它们进行比较，并让它返回 **True** 吗？

4.2.2 通过索引获取列表元素

当我们在编程过程中使用列表时，通常只会处理列表中的某一个元素。这就意味着我们需要用一种简单的方式将该元素从列表中选择出来。幸运的是，真的有一种简单的方法，它就是**索引值**！它表示某个元素在列表中的位置。通过它，我们可以轻松获取列表中该位置上的元素。

元素	'Orange'	'Lemon'	'Grapefruit'	'Pomelo'	'Lime'
索引值	0	1	2	3	4

为了使用索引，可以通过代码告诉计算机我们将要访问的列表，以及该元素在列表中的所在位置。对于前面的 **citrus_fruits** 列表，如果编写如下代码：

citrus_fruits[2]

通过这行代码，可以告诉计算机抓取存储在 **citrus_fruits** 列表中位于第二个索引位置的元素。

注意，这里我没有说抓取"第二个元素"；而是说抓取"存储在第二个索引位置上"的元素。这可完全不一样！为什么呢？关于列表，有一点非常重要，那就是：索引

第4章 字符串和它的新朋友

值是从**0**开始的，而**不是1**！如果你尝试运行前面的代码，你可能会惊讶地发现最终返回的结果是'Grapefruit'，而不是'Lemon'。

也就是说，列表中的第一个元素只能通过索引值0来取得。快来试着抓取`citrus_fruits`列表中的第一个元素吧：

citrus_fruits[0]

这次"拿到"Orange了吗？是不是很甜呀？

索引值为什么从0开始

即使我们从1开始计算，计算机也会以不同的方式查看顺序。在查看列表时，从0开始意味着第一个元素离列表的起始点距离为0。

4.2.3 列表可以被切片

列表可以被切片？听起来似乎有点疼，不过不用担心，这对于列表来说已经习以为常。就像我们切开馅饼一样，**切片**是我们选取列表中某个特定范围内数据的重要方式。它与我们通过索引访问列表中的某个元素类似，只不过选取不止一个元素。这次，我们不止使用一个索引值，而是声明一个**切片范围**，包括起始索引、中间的冒号以及终止索引。就像下面这样：

citrus_fruits[2:4]

这就等于告诉计算机："嘿，伙计！我需要`citrus_fruits`列表中的一组数据，从第2个索引开始到第4个索引之间的所有值。"

因此，这行代码输出的结果是：

['Grapefruit', 'Pomelo']

在上面的例子中，我们给出`citrus_fruits`列表中的**起始索引**为2，该位置上的元素即为切片范围中的第一个元素，我们从该索引位置开始选择元素。接下来，冒号再一次告诉计算机我们将要对该列表进行切片。一旦计算机意识到这一点，它便开始寻找**终止索引**，也就是切片范围的最后一个元素，它可以告诉计算机什么时候停止选择。在上面的案例中，终止索引值为4。在此之前，计算机会持续选择元素，直到到达终止索引的位置，但并不包括终止索引所在位置上的元素本身。这也是为什么**Lime**并不在切片范围中。

假如，我们需要`citrus_fruits`列表中的前面4个元素，可以这样进行切片：

`citrus_fruits[:4]`

输出结果将是：

`['Orange', 'Lemon', 'Grapefruit', 'Pomelo']`

你可能会注意到，这个切片中并没有给出起始索引。如果没有提供起始索引，计算机将会自动默认从列表第一个元素开始选取。

如果没有结束索引值，也是同样的道理。如果只想获取最后3个元素，可以写成：

`citrus_fruits[2:]`

输出结果为：

`['Grapefruit', 'Pomelo', 'Lime']`

与起始索引类似，当我们没有向计算机提供结束索引时，它会自动默认我们要选择列表末尾以前的元素。

4.2.4 列表是可变的

创建好一个列表后，可以对其进行添加元素、删除元素等操作，甚至还可以调整元素的位置。也就是说，列表是**可变的**。而对于之前我们学到的其他数据类型，比如字符串、整数、布尔值等，一旦创建后，却不能以这样的方式进行修改。既然列表是**可变的**，我们来修改一下`my_favorite_desserts`列表，把它们改成最喜欢的甜点吧！

在修改之前，我们赋值给它一个空列表，即把它清空：

`my_favorite_desserts = [ ]`

通过该操作，我们对**my_favorite_desserts**列表做出了一次**更新**，或者叫修改。你查看命令行窗口中的该项列表，会发现它已经被清空了，如下图所示。

```
Python 3.7.0 Shell
File Edit Shell Debug Options Window Help
Python 3.7.0 (v3.7.0:1bf9cc5093, Jun 27 2018, 04:59:51) [MSC v.1914 64 bit (AMD6
4)] on win32
Type "copyright", "credits" or "license()" for more information.
>>> my_favorite_desserts = ['Cookies', 'Cake', 'Ice Cream', 'Donuts']
>>> my_favorite_desserts
['Cookies', 'Cake', 'Ice Cream', 'Donuts']
>>> my_favorite_desserts = []
>>> my_favorite_desserts
[]
>>> 
```

接下来，我们进行另一次更新。在列表中添加你喜欢吃的点心吧！（为了让这个案例继续下去，我将列举一些和前面不同的甜点。你自己在写代码时，可以自由地添加自己喜欢的食物哦！）

可以使用**加法赋值运算符**（+=）来给列表中添加一些新的甜点，如下所示：

my_favorite_desserts += ['Brownies', 'Muffins', 'Chocolate']

再来查看一下我们的列表，如下图所示。

```
Python 3.7.0 Shell
File Edit Shell Debug Options Window Help
Python 3.7.0 (v3.7.0:1bf9cc5093, Jun 27 2018, 04:59:51) [MSC v.1914 64 bit (AMD6
4)] on win32
Type "copyright", "credits" or "license()" for more information.
>>> my_favorite_desserts = ['Cookies', 'Cake', 'Ice Cream', 'Donuts']
>>> my_favorite_desserts
['Cookies', 'Cake', 'Ice Cream', 'Donuts']
>>> my_favorite_desserts = []
>>> my_favorite_desserts
[]
>>> my_favorite_desserts += ['Brownies', 'Muffins', 'Chocolate']
>>> my_favorite_desserts
['Brownies', 'Muffins', 'Chocolate']
>>> 
```

太棒了！我们对最初的列表再一次进行了更新。这次，它从一个空列表变成了一个有3个元素的新列表。我们刚刚通过列表的可变性，对列表做出了一些"美味"的改变！

成员运算符

在编程时，我们常常需要检查列表中是否存在某些特定的值，所以，需要一组特殊的运算符来检查输入的信息中是否存在着想要的某个数据。而这组特殊的运算符，就是**成员运算符**。

in

当需要查看列表中是否存在某个值时，可以使用到**in**运算符。它从肯定的角度来判定某个值是否存在于列表中。因此，如果想要判定**Pomelo**是否存在于**citrus_fruits**列表中，可以这样写：

'Pomelo' in citrus_fruits

它的结果将会是**True**，如下图所示。

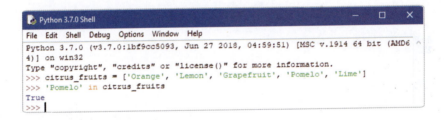

not in

如果要确认某个值不存在于我们输入的列表中，可以使用**not in**运算符。它从否定的角度来判定某个值**不存在于**列表中。假如我们想要判定甜点不存在于**citrus_fruits**列表中，可以这样写：

'Donuts' not in citrus_fruits

程序结果同样会返回一个**True**，也就是说'Donuts'确实不在该列表中，如下图所示。

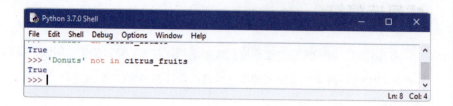

如果我们再来试试**'Lime'**呢？如下所示：

'Lime' not in citrus_fruits

则会返回结果**False**，因为**'Lime'**的确在列表中，如下图所示。

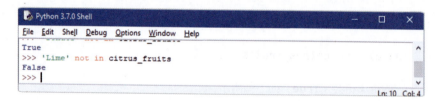

这些运算符在后面的章节中将会变得非常实用，尤其是当我们需要过滤大量数据时！

4.2.5 对列表进行更多改变

你已经掌握一种添加列表元素的方法了，也就是使用加法赋值运算符（+=）。除此以外，还有很多方法可以帮助我们对列表进行修改，甚至包括Python的内置方法。让我们一起来看看吧！

append( )函数

添加列表元素的另一种方式就是使用内置的**append()**函数，它可以帮助我们在列表末尾添加一个新的元素。假如你在**my_favorite_desserts**列表中遗漏了某个甜点，可以通过该函数快速添加，如下所示：

`my_favorite_desserts.append('Creme Brulee')`

结果将会变成：

`['Brownies', 'Muffins', 'Chocolate', 'Creme Brulee']`

不妨再来新增一个吧！

`my_favorite_desserts.append('Apple Pie')`

现在，新的列表又诞生啦：

`['Brownies', 'Muffins', 'Chocolate', 'Creme Brulee', 'Apple Pie']`

remove( )函数

如果我们想要将某个元素从列表中移除，可以使用内置的**remove()**函数。

我们再回过来看下**my_favorite_desserts**列表，我发现muffins貌似并没有之前那么让人喜欢了，于是我决定把它从列表中移除。这时，我们就可以用到**remove()**函数啦。

`my_favorite_desserts.remove('Muffins')`

执行上面的代码后，新的列表将会是：

`['Brownies', 'Chocolate', 'Creme Brulee', 'Apple Pie']`

del

另外一种删除元素的方式是**del**语句。你或许已经看出来了，del是delete（删除）的缩写。利用该语句可以通过目标元素所在位置的索引值删除元素。如果我们想要移除位于第一个索引位置上的元素，可以这样写：

`del my_favorite_desserts[1]`

由于Chocolate是位于第一个索引位置上的元素，因此将被删除。更新后的列表将会变成：

第4章 字符串和它的新朋友

['Brownies', 'Creme Brulee', 'Apple Pie']

记住，还可以使用切片对某个范围进行集中删除，例如，我们还可以这样操作：

del my_favorite_desserts[1:]

这样一来，就可以同时将'**Creme Brulee**'和'**Apple Pie**'从列表中移除。嗯……等等！我们刚刚为什么要这样做？好吧，假如你不小心误删了某个元素，可以通过**append()**函数或者加法赋值运算符重新将它们添加回来！

使用索引和切片修改列表

正如我们使用索引或者切片来抓取列表中一个或多个元素一样，我们还可以用它们来修改列表！

比如，我们想要添加'**Pumpkin Pie**'作为**my_favorite_desserts**列表中的第二个元素，可以这样写：

my_favorite_desserts[1:1] = ['Pumpkin Pie']

我们这样写是因为第一个索引处已有一个元素。如果不这样写的话，计算机可能会感到困惑并执行一些并不是我们想要的操作。例如，下面这段代码的运行结果可能并不是我们想象的那样：

my_favorite_desserts[1] = ['Pumpkin Pie']

这行代码替换了已在该索引处的元素（在本例中为'**Creme Brulee**'），并将'**Pumpkin Pie**'放在那里。这就是为什么在已经含有索引的列表中插入新元素时必须小心。我们只能使用相同的起始索引值和结束索引值的切片范围，来告诉计算机只需在该索引中间处添加新元素，而无须更改列表中别的元素。正确插入新元素后，列表现在看起来像这样：

['Brownies', 'Pumpkin Pie', 'Creme Brulee', 'Apple Pie']

还有一点需要注意，如果使用切片范围的方法添加列表元素，则不需要考虑所添加元素的数量。因此，如果我们想在'**Creme Brulee**'之后将Chocolate Souffle, Crepe

Cake还有Affogato添加到**my_favorite_desserts**列表中，可以这样做：

my_favorite_desserts[2:2] = ['Chocolate Souffle', 'Crepe Cake','Affogato']

现在，**my_favorite_desserts**列表就会变成下面这样：

['Brownies', 'Pumpkin Pie', 'Creme Brulee', 'Chocolate Souffle','Crepe Cake', 'Affogato', 'Apple Pie']

4.3 元组

元组是Python中另一种包含元素或对象集合的类型。它与列表非常相似，它是有序的，可以使用索引进行访问，也可以使用切片操作，并且可以由相同或不同类型的元素组成。但是，元组和列表之间依然存在下面两个差异。

元组使用圆括号

不同于列表的方括号**[ ]**，元组使用圆括号**( )**来存储元素。也就是说创建好的元组是这样的：

rgb_colors = ('red', 'green', 'blue')

对于元组和列表，它们之间最大的区别在于，元组是不可变的。

元组是不可变的

请记住，"不可变"意味着无法对其进行修改。这是元组相对于列表而言一个非常大的区别。我们无法对其进行添加、删除或更改等操作！这意味着像**append()**函数、**remove()**函数和**del**语句统统不能用于元组。

使用元组的情况

你或许会问：我们什么时候使用元组，什么时候又该使用列表呢？在大多数情况下，当我们需要处理集合中的元素时，通常应该选择列表。相反，当存储的元素集合不允许被修改时,必须选择使用元组。上面这个元组就是一个很好的例子,因为现实中的RGB颜色不能改变,并且永远都不会变!

4.4 条件语句

花一点点时间,试着想一下你在一天内做出的所有决定。即使在时间短暂的早晨,也有很多事情需要决定:当你的闹钟响起时,你会选择起床还是按下按钮继续做个小懒虫?当你最后起床时,你将选择穿什么衣服?你早餐吃什么?或者你是否因为已经迟到而选择不吃早餐?

虽然看起来很麻烦,但我们的生活的确更加多变,更加有趣,因为我们可以为自己做出这么多决定。一点也不意外,决策制定同样也会使我们的Python程序更加灵活和有趣,也因此让Python程序变得更加智能。

正如我们在生活中做出决策一样,在编写程序时,也可以使用条件语句来做出决策。

条件语句是一段代码,它可以让计算机在进行编译时,按照我们想要的路径执行相关的操作。这非常重要,特别是当我们编写更复杂以及更长的程序时,我们并不希望计算机一行一行地运行所有内容,我们只需要让它运行具有一定意义的那部分代码。

不过,究竟该如何实现呢?我们可以在执行其他任何代码之前,设定一个需要满足的条件。此条件通常是一个**布尔表达式**,该条件是计算机做出评估并判定结果是`True`还是`False`的重要依据。你也可以将它看作一个答案为"是"或"否"的问题,其中"是"为`True`,"否"为`False`。只有当条件语句的布尔表达式结果为`True`时,它才继续执行下一行代码。而下一行相关代码通常就在条件语句之后,并且是缩进的(**缩进**是指代码行前面的空间量,帮助计算机区分同属于某一级别的代码)。

`if`条件语句的例子:

```
If mood == 'tired':

    hit_snooze_button = True
    print("Adrienne is tired. She hits the snooze button.")
```

逻辑非常严密，对吧？如果我们此时的情绪是疲倦，我们很可能会选择按下闹钟上的按钮继续蒙头大睡。

事情就是这样：在这个例子中，我们通过布尔表达式来判定我们此时的心情。当计算机执行到这行代码时，它会问自己："`mood`是否等于'`tired`'呢？"它或者回答："是的，这里的`mood`就是等于'`tired`'，那么这个布尔表达式的结果就应该是`True`，这说明我可以继续执行下一行代码了。"当然计算机也可能会说："不，这里的`mood`并不等于'`tired`'，这个布尔表达式的结果为`False`，我无法继续下一行代码，我必须跳转到我看到的与该行具有相同缩进量的下一段代码。"只有在对你提出的问题（或条件）回答为`True`时，计算机才会继续执行下一行代码。如果回答为`False`，则跳过下面的部分并找到下一行没有缩进的代码。

if条件语句起始点　布尔表达式（"是"或"否"问题）　如果结果为**True**，进入下一行代码：

```
if mood == 'tired':
    hit_snooze_button = True
```
结果为**True**时，将要执行的操作

不过，假如我们并不疲倦呢？我们昨天睡得很好，我们现在就可以起床呢？我们还可以使用**else if**条件语句（缩写为**elif**）语句，来为这种情况添加一个条件。

代码如下：

```
if mood == 'tired':

    hit_snooze_button = True

    print("Adrienne is tired. She hits the snooze button.")

elif mood == 'well-rested':

    get_out_of_bed = True

    print("Adrienne is well-rested. She's already out of bed!")
```

在这里，我们在代码中添加了一个`elif`语句。通常在常规的`if`语句之后，通过`elif`语句，在满足与之对应的条件时，计算机允许我们执行一个新的决定。这就好比

当第一个问题的回答为 **"False"** 时，计算机会再问一个与之前不同的问题。`elif`语句在上面的例子中同样非常适用，因为此时我们需要判定另一个不同的条件（`mood=='rested'`），如果该布尔表达式的结果为`True`，则会执行另一项新的操作（从床上起床，而不是按下闹钟按钮）。

`if`语句后面代码的缩进同样不能忽视。缩进在Python中是一个非常重要的概念，因为计算机通过这些空间来确定哪些代码块是属于一类的。如果需要缩进某行代码，将光标移动到该行代码的开头，然后按空格键即可。大多数情况下，计算机都会自动缩进，但有时也需要我们自己进行缩进。

添加好`elif`语句后，我们要么按下闹钟按钮，要么只能起床。我们绝对不可能同时做两件事情！

原因如下：当计算机在判定布尔表达式时，它将持续检查代码中的每一个表达式，直到找到某个值为True。一旦找到后，它将跳转至下一行缩进过的代码，运行具有相同缩进量的其余所有代码行，然后忽略其他的布尔表达式。

在我们的示例中，计算机在判定我们的心情是否疲惫时可以回答**"True"**。由于它回答"True"，它会自动跳转并执行下一行代码，将`hit_snooze_button`变量值设置为True，并输出相应的文本（**"Adrienne is well-rested. She's already out of bed!"**），因为这行代码的缩进量与上一行相同。由于这组代码中只有这两行相同缩进量的代码，因此计算机在看到下一行代码没有以相同的方式缩进时，它就知道该条if语句已经执行完成了。

这也意味着计算机不再继续尝试判定其他布尔表达式。一旦找到一个结果为`True`的布尔表达式，它便可以忽略其余部分，因为几乎可以肯定，剩下的`if`语句中的布尔表达式结果无论如何都会是`False`。

的确是这样！我们不可能同时感到"tired"和"rested"！如果我们问计算机"我们的情绪疲倦了吗？"，它也不可能同时回答"Yes"和"No"！这就是为什么计算机在找到一个结果为`True`的条件语句时，便不再继续判定其他所有`if`语句中的布尔表达式。

处理错误和异常

在学习编写代码时，有时会遇到许多不同类型的错误和异常。放心，这很正常！不过，我们还是应该尽可能地了解它们，因为这对于我们的工作非常有帮助。下面，让我们来看看几种常见的错误吧！

语法错误

前面我们已经遇到过这种类型的错误了，出现这种类型错误意味着计算机无法理解或编译我们的某些代码。通常，它是由错误所在位置中的额外字符、空格或不属于Python语言的错误字符引起的。当遇到该类型的错误时，请留意是否是那些常见的错误，并一定要仔细查看命令行窗口，因为很可能它将告诉我们错误发生的位置。

类型错误

类型错误是指代码中的数据类型出现问题。出现这类情况，通常是因为我们使用了计算机无法理解的或者并不适用的数据类型。例如，当我们的代码需要一些整数来作为参数时，我们错误地输入了字符串，那么这时可能就会出现类型错误。

异常

只有在运行程序时才会出现异常类问题。这意味着我们的代码从语法角度来讲可以被计算机编译，但是当它实际执行代码中的操作时，由于操作本身无法完成而出现问题。

有一个非常常见的异常叫作"**ZeroDivisionError**"，该异常通常出现在某部分代码除以整数0时。或许我们编写的原始代码中并没有任何明确的地方需要除以整数0，但很可能会除以某个运算结果，而这个结果恰好可能等于0。如果其他地方需要调用该结果，进行一个新的除法运算，这时就可能出现**ZeroDivisionError**异常。

举个例子，假设我们有一段代码可以将一些饼干平均分配给未知数量的小朋友，你可以这样使用这两个变量：

```
def divideCookiesEqually(cookies, kids):
    return cookies / kids
```

假如我们运行代码时恰好遇到了10块饼干、0个小朋友的情况，计算机将会执行这样的代码：

```
divideCookiesEqually(10, 0)
```

那么它将执行这样的操作：

```
10 / 0
```

这时，就会导致出现**ZeroDivisionError**异常了。

当遇到以上或其他类型的错误时，我们不必感到害怕或失望。因为这就是编程的一部分，它不仅可以帮助我们思考如何解决许多不同类型的问题，还可以锻炼我们的大脑！如果遇到瓶颈或者感到沮丧，可以休息一下，离开计算机，做些其他的事情。然后，带着好心情回到计算机面前（当然也可以是带着零食），这时你或许就会发现之前存在的问题，还不行的话，至少你拥有足够的耐心来继续开展调查！

4.5 本章知识点总结

本章我们学习了很多关于**字符串**的知识，以及它们如何与我们在第2章中学到的运算符一起工作。

- 不同的字符串可以拼接在一起，成为一个新的字符串。
- 字符串不可以与数字相加。

- 字符串却可以与数字相乘。

我们还介绍了遇到的第一个可变数据类型——**列表**。

- 列表是一系列相同或不同数据类型元素的集合。
- 列表使用方括号**[ ]**来存储数据。
- 列表是有序的,并且索引值从0开始。
- 可以使用**索引**来获取列表中某个特定的元素。
- 可以添加、重排、删除列表中的元素。

我们还学习了**元组**,与列表类似,只不过它是不可变的。

- 元组的使用方法大部分与列表类似。
- 元组使用圆括号**( )**来存放数据。
- 元组是不可变的,这是它最明显的特征。
- 元组可以用来存储那些不能修改的元素。

最后,我们学习了如何使用**条件语句**来控制代码运行的路径。

- 条件语句可以帮助我们在运行代码时做出决策。
- 代码的缩进非常重要,它可以帮助我们区分不同的代码块。
- 条件语句可以告诉计算机哪部分代码需要运行以及如何运行。
- 条件语句使用布尔表达式来判定下一步的代码路径。

在下一章里中,我们将学习循环语句!在需要重复执行代码块或者处理更多的数据集合时,循环语句将会非常有用。

4.6　练习关卡

练习1:我最喜欢的东西

现在,我们已经掌握了如何创建列表了。试着创建一个列表,让它存储5种你最喜欢的事物吧!一个列表可以包含不同的数据类型哦。

做些什么呢

创建一个名为 **my_favorite_things** 的列表，添加5个元素，并输出下面这段话："These are {your name}'s favorite things: ['your', 'favorite', 'things']。"使用f-strings把你的名字以及最喜欢的物品清单与上面这句话一起输出吧！

预期输出效果

'These are Adrienne's favorite things: ['Blue', 3, 'Desserts','Running', 33.3].'

练习2：云朵的形状

一天，你和你的朋友决定去公园看云朵。你们想要各自记录下每朵云的形状，来看看你们的想法是否一致。在开始记录前，需要各自创建一个空列表（在方括号[ ]中）：

your_cloud_shapes = []

friend_cloud_shapes = []

在观察过程中，你们持续往列表中添加不同的云朵形状。回到家中，你开始查看你们双方的列表：

your_cloud_shapes = ['circle', 'turtle', 'dolphin', 'truck', 'apple', 'spoon']

friend_cloud_shapes = ['apple', 'turtle', 'spoon', 'truck', 'circle', 'dolphin']

有趣的是，你们记录下的形状绝大多数都相互匹配，只是记录的顺序不太一样。

做些什么呢

使用if条件语句、==运算符、索引等工具写一段代码，查看你和你朋友的列表中是否有相同形状的云出现在相同的位置上。将列表中每个索引处的元素与你朋友的进行对比，如果某个位置上的形状相互匹配，请输出"We saw the same shape!"。如果它们不匹配，请输出"We saw different shapes this time."。快快逐个比较一下列表中的云朵形状吧！

有用的小提示

记住，你可以使用索引来获取列表中的元素！代码如下：

`your_list[2]`

练习3：随机工厂

做些什么呢

使用你所掌握的字符串拼接以及通过索引访问列表元素的知识，使用下面 **random_items** 列表中的元素为后面的每个场景创建正确的答案。记得使用f-strings输出来输出代码的结果。

`random_items = ['basket', 'tennis', 'bread', 'table', 'ball', 'game', 'box']`

示例

Marie和她的朋友们在一起打乒乓球。其中一位小伙伴Pierre说，乒乓球在他的国家有另外一个名字。你能用 `random_items` 列表中的元素构成并输出乒乓球的另一个名字吗？

`print(f"{random_items[3]} {random_items[1]}")`

输出结果

`table tennis`

场景1

Andre要和一些朋友去打网球。他已经有了网球拍，但他还需要一样东西。写一段代码输出他想要的东西吧！

场景2

Jean刚烤了一些新鲜的面包，他想带几块面包回家分享。你可以从`random_items`列表中选取哪些内容呢？

场景3

在棒球比赛场上，Christina正在唱一首比赛中常常会听到的流行歌曲。你能帮助她完成歌词吗？"Take me out to the＿＿＿＿＿＿＿"

场景4

Leslie正在写一篇故事，是关于她最喜欢的运动的。这项运动需要一个篮筐，每队通常有五名球员，还有一个带黑色条纹的橙色皮球。猜猜这是哪项运动？

场景5

Julia刚刚收到一块Jean做的新鲜面包。为了感谢他，Julia迅速把收到的面包放在这个物体中，以保持温暖。

场景6

Mario有很多棋盘游戏和视频游戏。他可以将大部分商品存放在这个物体中，以保持房间干净整洁！

练习4：宠物大游行

当地的动物收容所正在为居民举行宠物游行。他们想要请你根据一些不同的因素，来组织宠物游行队伍的顺序。

做些什么呢

你已经掌握了修改列表元素的不同方法，快使用它们来组织这个宠物游行吧！下面是收容所计划的动物展示顺序：

```
pet_parade_order = ['Pete the Pug', 'Sally the Siamese Cat', 'Beau
theBoxer', 'Lulu the Labrador', 'Lily the Lynx', 'Pauline the Parrot',
'Gina the Gerbil', 'Tubby the Tabby Cat']
```

等等，传来一个好消息！Gina刚刚已经被收养了，所以她不再需要参加宠物游行了！

现在我们需要将Gina从列表中移除。

随着计划的推进，动物收容所的主任决定把鹦鹉Pauline排在游行的第一位，因为她可以说话，把她放在队伍的第一位可以向参观的人们问好！

现在请将Pauline移动到游行队伍的最前面。

事情似乎还有变化。突然，又有两只新的动物来到了收容所，需要将它们添加到游行队伍中。第一个是一只名为Mimi的猫，第二个是一只叫Cory的小狗。它们俩应该排在Lily的后面。

把Mimi和Cory一起放在Lily的后面吧。

等等，又有好消息啦！Lulu和Lily居然被同一个好心人收养了。

将Lulu和Lily从列表中移除。

宠物游行马上就要开始了。在完成所有调整后，输出最新的宠物游行排列顺序吧。

预期输出效果

The order of the Pet Parade is: ['Pauline the Parrot', 'Mimi the Maltese Cat', 'Cory the Corgi', 'Pete the Pug', 'Sally the SiameseCat', 'Beau the Boxer', 'Tubby the Tabby Cat'.]

练习5：不同年龄人的喜好

随着年龄的增长，我们的样子以及我们感兴趣的东西可能都会发生变化。让我们使用**if**语句来捕获它，并输出我们认为在接下来的5年、10年、15年和20年将会是什么样子。

做些什么呢

写一个判定年份的 **if** 语句,然后输出对应年份你对自己的不同预期!正如你看到的,我将带你一起完成开始的部分。你来编写剩余的 **elif** 语句,并确保每个年份更新正确的变量。

先设置变量来获取并输出3条信息,分别是 **age**、**favorite_outfit** 还有 **favorite_hobby**。我们先来创建这三个变量,并为它们赋值当前的内容。

```
year == 2019
age = 10
favorite_outfit = "red dress"
favorite_hobby = "coding"
```

接下来,使用 **if** 语句判定当前的年份:

```
if year == 2019:
```

然后,输出当前年份的描述:

```
if year == 2019:
    print(f"It is 2019. I am currently {age} years old, love wearing a {favorite_outfit}, and currently, {favorite_hobby} takes up all my time!")
```

现在,再创建5年后、10年后、15年后和20年后的 **elif** 语句。别忘了同时调整你的变量哦!

练习6:切片和切块

既然你已经知道如何使用切片范围了,那么你或许可以为主厨Tony提供一些帮助。有几箱水果和蔬菜,需要对其进行分类。如果从箱子里取出的是蔬菜,则需要将它们转移至"切块"区域,这样他的助手就可以开始为餐厅准备食材了。如果取出来的是水果,那么它们需要被送到"切片"区域,餐厅的面包师就可以为他们的甜点准备水果啦。

做些什么呢

使用切片范围以及我们学习过的不同方法，将元素添加到对应的列表中，为每个箱子编写一些代码，确保水果和蔬菜能够转移到正确的区域。

我为大家创建了两个变量：

slicing_area = [ ]

dicing_area = [ ]

检查完成所有箱子里的食物，输出所有分类好的水果和蔬菜列表吧。

下面是需要进行分类的三个箱子：

crate_1 = ['onions', 'peppers', 'mushrooms', 'apples', 'peaches']

crate_2 = ['lemons', 'limes', 'broccoli', 'cauliflower', 'tangerines']

crate_3 = ['squash', 'potatoes', 'cherries', 'cucumbers', 'carrots']

练习7：改变还是不改变？

现在，我想你已经掌握了列表和元组之间的区别。你能为下面几组数据创建合适的列表或元组吗？

做些什么呢

对于下面各组元素的集合，创建适合的列表或者元组，把数据存进去。最后再输出它们的内容以及它们的数据类型。

第一组：

first_name, last_name, eye_color, hair_color, number_of_fingers, number_of_toes

数据：**"Adrienne"**, **"Tacke"**, **"brown"**, **"black"**, 10, 10

第二组：favorite animals（喜欢的动物）

数据：**"cats"**, **"dogs"**, **"turtles"**, **"bunnies"**

第三组: colors of the rainbow（彩虹的颜色）

数据:

"red", "orange", "yellow", "green", "blue", "indigo", "violet"

预期输出效果

('red', 'green', 'blue') are stored in a tuple!

4.7 挑战关卡

选择你的冒险

可以使用if语句来做出各种选择，我们下面来写一个名为"选择你的冒险"的小程序吧！这个游戏可以让我们在浏览故事时做出想要的选择，从而改变故事的剧情，得到不同的结局！

大家可以按照下面的说明开始操作:

1. 首先，创建一个名为choose-your-adventure的文件，并保存。
2. 使用下面的代码开始编写你的游戏吧:

```
# 改变名字，拥有你自己的游戏。
name = "Your name here"

# 冒险开始
print(f"Welcome to {name}'s Choose Your Own Adventure game! As you follow the story, you will be presented with choices that decide yourfate. Take care and choose wisely! Let's begin.")
print("You find yourself in a dark room with 2 doors. The first door is red, the second is white!")

# 通过这个input函数可以输入你的选择。
door_choice = input("Which door do you want to choose? red=red door or white=white door")
```

```
if door_choice == "red":
    print("Great, you walk through the red door and are now in the-
    future! You meet a scientist who gives you a mission of helping
    him save the world!")
    choice_one = input("What do you want to do? 1=Accept or 2=Decline")
    if choice_one=="1":
        print("""_____SUCCESS_____
        You helped the scientist save the world! In gratitude, the
        scientist builds a time machine and sends you home!""")
    else:
        print("""_____GAME OVER_____
        Too bad! You declined the scientist's offer and now you are
        stuck in the future!""")
else:
    print("Great, you walked through the white door and now you are
    in the past! You meet a princess who asks you to go on a quest.")
    quest_choice = input("Do you want to accept her offer and go
    on the quest, or do you want to stay where you are? 1=Accept and
    go on quest or 2=Stay")
    if quest_choice=="1":
        print("The princess thanks you for accepting her offer. You
        begin the quest.")
    else:
        print("""_____GAME OVER_____
        Well, I guess your story ends here!""")
```

使用你所掌握的 `if` 语句、变量、`print()` 函数以及不同的数据类型等，让你的游戏故事更丰富。创建更多的故事分支，做出多个决定，或者在全新的设定中展开你的故事，一切都由你做主！编写完成后，记得保存你的文件，然后试着运行它。让你的朋友也来到你创建的游戏中选择属于自己的冒险故事吧！

循环

计算机的功能之所以如此强大,一个重要原因就是它们能以非常快的速度重复进行大量操作或计算。而计算机执行这类快速操作的方法之一就是通过循环。循环是一种特殊的编程语句,它可以帮助我们重复执行某段代码。与其他编程语言一样,Python有两种主循环:for循环和while循环。

5.1 for循环

第一种循环叫作**for循环**,这种循环通常会重复执行一段代码。当我们知道所需重复执行代码的次数时,需要使用带有列表的**for**循环。

假设我们有一个数字列表,并且想要为此列表中的每个数字加上2,然后再输出新的结果。我们该如何实现呢?用**for**循环!

首先,声明一个列表**numbers**。实现一次循环必须要遍历整个列表,遍历列表的过程也称为迭代循环。迭代意味着需要逐个遍历这组列表中的每个元素。

对于一个 numbers 列表来说，当然需要放一些数字进去！

numbers = [1, 2, 3, 4, 5]

接下来我们就用关键词 for 来写一个循环吧，通过这个关键词可以向计算机发出指令，将要创建一个 for 循环。

numbers = [1, 2, 3, 4, 5]
for

太棒了！现在计算机知道我们想要创建一个循环了，它说："嘿，人类，你想要创建一个循环，这很好。但是，你想让我循环什么呢？"接下来，让我们告诉计算机要遍历的元素集合以及需要执行多少次。在上面的例子中，我们想要遍历 numbers 列表中的每个数字，因此编写循环来执行此操作：

numbers = [1, 2, 3, 4, 5]
for number in numbers:

我们刚刚写的代码是告诉计算机，对于 numbers 列表中的每个数字，我们都想要执行相应的操作。现在，计算机已经知道要遍历的列表了。最后，让计算机每次取出列表中的一个数字，对其加2，然后将新得到的数字输出到命令行窗口中。要记住，冒号（:）之后的代码是属于它上面这行代码的相关代码，并且应该始终保持相同的缩进量：

numbers = [1, 2, 3, 4, 5]
for number in numbers:
    print(number + 2)

运行这段代码，就可以在命令行的窗口中看到该 for 循环的运行结果啦。

```
Python 3.7.0 Shell
File Edit Shell Debug Options Window Help
Python 3.7.0 (v3.7.0:1bf9cc5093, Jun 27 2018, 04:59:51) [MSC v.1914 64 bit (AMD6
4)] on win32
Type "copyright", "credits" or "license()" for more information.
>>> numbers = [1, 2, 3, 4, 5]
>>> for number in numbers:
        print(number + 2)

        
3
4
5
6
7
>>>
```

循环迭代

正如我们所了解的那样，**for**循环只能迭代特定次数。计算机通过我们给出的**迭代器**得知将要迭代的次数。在前面的示例中，通过**for**循环遍历了列表中的所有元素：

for number in numbers:

当我们想要遍历列表或者元组中的所有元素时，这将会变得非常有用。如果并不需要遍历所有元素呢？比如，我们只需要遍历3次，或者，只需要遍历某个特定范围内的元素呢？这也一样可以做到！

对于每个**for**循环，都需要一个迭代器以及一组元素。代码格式如下：

for <迭代器> in <一组元素>:

在编写自己的代码时，需要替换掉上面代码中的**<迭代器>**和**<一组元素>**。那么，如果只需要迭代3次，而不是遍历整个列表或元组中的元素，可以这样替换：

for i   in range(3):

我们的**<迭代器>**现在是一个新的变量**i**，同时它也是该程序中迭代变量的标准名。而对于我们的**<一组元素>**，现在则是一个由内置的**range()**函数提供的整数列表（该函数通常由三个参数组成，稍后我们会简单介绍该函数的用法）。

于是，这行代码告诉计算机，对于0～3的整数集，每次迭代都要执行某个操作。如果这里我们添加一个**print()**函数，来看看迭代变量将会如何变化吧。

```
for i  in range(3):
    print(i)
```

输出结果为:

0

1

2

上面的示例中使用的 range() 函数只采用了单个参数3，这里默认它为终止点。另外，也可以再加上另一个参数作为起始点。就像列表和元组中的切片操作一样，range()函数可以让我们通过迭代该特定范围的数字来执行相应的操作。如果想直接从数字10开始，然后遍历数字10~20之间的数字，可以通过给range()函数设定两个参数来实现，如下所示:

```
for i  in range(10, 20):
    print(i)
```

输出结果就变成了下面这样:

10

11

12

13

14

15

16

17

18

19

20

还有一种使用**range()**函数的方式，我们可以同时给出**range()**函数的三个参数，前面两个默认为该范围的起始点和终止点，第三个参数用于设定该函数的步长，也就是说在原来的整数范围中，每隔n（n为步长）个数进行一次迭代。因此，如果想要输出0~100之间10的倍数，可以这样设定**range()**函数：

```
for i  in range(0, 101, 10):
    print(i)
```

现在的结果就成了下面这样：

```
0
10
20
30
40
50
60
70
80
90
100
```

5.2 while循环

第二种循环类型叫作**while循环**。在布尔表达式结果为**True**的情况下，计算机同样会重复执行相应的代码块。与**for**循环一样，**while**循环也通常需要用到一组元素。它们之间也有不同的地方，比如，当我们不知道需要重复执行多少次代码时，就应该选择**while**循环。请记住，只有确切知道需要重复执行的次数时，才选择**for**循环。

比如，前面我们用过的**numbers**列表突然多出来一些数字：

```
numbers = [1,2,3,4,5,6,7,8,9,10,11,12,13,14,15,16,17,18,19,20]
```

现在，如果不再是输出所有元素加2的结果了，虽然还是需要遍历整个列表，但试着仅仅输出其中某部分特定的值。例如，只输出那些"加上数字2以后，结果仍然小于20"的值。

究竟该如何实现呢？我们应该使用**for**循环吗？显然不能。

这里，我们事先并不知道需要重复执行多少次加2的运算，因此，对于这类问题，我们只能选择**while**循环！

还是先从声明**numbers**列表开始吧：

numbers = [1,2,3,4,5,6,7,8,9,10,11,12,13,14,15,16,17,18,19,20]

接着，还需要声明迭代器，也就是用来跟踪循环次数的变量。在其他程序语言中，有时也叫它计数变量，因为它计算着我们进行迭代的次数。并且通常以字母**i**进行命名：

numbers = [1,2,3,4,5,6,7,8,9,10,11,12,13,14,15,16,17,18,19,20]
i = 0

这个变量的作用可不一般，你知道为什么吗？

还记得**for**循环和**while**循环之间的区别吧？我们可以告诉**for**循环需要重复执行代码块的次数，但是对于**while**循环，我们还需要给它多一点点提示，这就是为什么我们需要创建一个迭代器。由于我们并没有告诉计算机需要重复执行多少次，因此需要配合布尔表达式，来告诉计算机是否要进入下一个循环。明白了吗？

下面，就开始我们的**while**循环吧：

numbers = [1,2,3,4,5,6,7,8,9,10,11,12,13,14,15,16,17,18,19,20]
i = 0
while

真棒！我们接着给**while**循环声明一个布尔表达式，让它帮助计算机决定是否要继续重复执行该循环。在这个示例中，我们仍然需要遍历列表中的所有数字。由于我们已经记录下了每次循环的数字，还需要设定一些逻辑语句来确保计算机已经遍历了列表中的所有数字。我们该怎样做呢？

```
numbers = [1,2,3,4,5,6,7,8,9,10,11,12,13,14,15,16,17,18,19,20]
i = 0
while(i < len(numbers)):
```

就是这样！我们已经知道 numbers 列表中所有元素的个数了，假如我们进行与该数量相同次数的循环，就能保证我们已经遍历完了整个列表。

这就好比我们的布尔表达式在问："迭代器中变量值比列表中元素的个数还小吗？"如果是，就需要继续进行循环。一旦迭代器的值不再小于列表元素的总量，这就说明已经完成了所有的迭代过程，循环就可以结束了。

你注意到这里的布尔表达式中使用了一个新的函数 len() 吗？它是一个可以重复返回结果的**函数**。也就是说，通过此类函数可以获取一些返回的结果，这些结果可以是整数，也可能是一个字符串、布尔值、列表或者任何其他类型的数据。

函数 len() 并不是一个普通的函数，它也是众多 Python 内置函数中的一个。函数中的 len，是英文 length（长度）的缩写。它可以计算我们所输入数据的长度（对于上面示例中的 numbers 列表，则会计算列表所含元素的个数），最终将总数作为结果返回。而这正好是布尔表达式所要的结果。

布尔表达式已经就位了，我们可以继续编写需要循环的代码了。到这里，我们就应该来检查一下加2后的数字是否还小于20：

```
numbers = [1,2,3,4,5,6,7,8,9,10,11,12,13,14,15,16,17,18,19,20]
i = 0
while(i < len(numbers)):
    if (numbers[i] + 2) < 20:
```

要记住，只有当 if 语句中的布尔表达式结果为 True 时，才会输出该数字！这就是为什么需要在 print 语句的前面写出这行代码。不要忘了缩进这行 if 语句，因为只有通过了 while 循环中的布尔表达式才会执行这行代码。

还记得是怎样获取列表中的某个特定元素的吗？对，使用切片操作！在这里，可以通过切片操作获取列表中的元素，并通过迭代器变量依次获取它的下一个元素，从而对列表中的各个元素依次进行迭代。

道理很简单：由于我们已经知道需要遍历numbers列表中的所有数字，并且已知迭代器变量初始值为0，在我们最开始进入该循环时，if语句中的布尔表达式就是下面这样：

```
if (numbers[0] + 2) < 20:
```

这完全就是我们在进入循环之初所要的：需要处理numbers列表中的第一个数据。请记住，列表的索引值从0开始计算。

当我们完成重复代码后，接下来就需要对迭代变量进行递增，或者说加上1，这时迭代变量就成了1。因此，在第二次循环中，if语句就应该变成现在这样：

```
if (numbers[1] + 2) < 20:
```

因为在每次循环中迭代变量都在递增，同时作为索引值的它们就可以帮助我们不断地获取numbers列表中的下一个数字！正如前面提到的，当我们完成了本次循环的代码后，迭代变量才会递增。在进行下一次循环时，索引值也会相应地发生变化。真是太酷了！

当我们在该循环中继续进行迭代时,我们继续问计算机:"嘿,numbers列表中的下一个数字加上2以后,结果还会小于20吗?"如果是,我们继续通过**print()**函数输出该结果。别忘了,这里仍旧需要继续缩进这行代码,因为只有"通过"了前面两级布尔表达式之后,才能执行这个print( )语句。

```
numbers = [1,2,3,4,5,6,7,8,9,10,11,12,13,14,15,16,17,18,19,20]
i = 0
while(i < len(numbers)):
    if (numbers[i] + 2) < 20:
        print(numbers[i] + 2)
```

最后,我们还需要一行代码来让迭代变量实现递增!这可能是**while**循环中最重要的部分,因为在**while**循环和**if**语句的布尔表达式中都会用到它:

```
numbers = [1,2,3,4,5,6,7,8,9,10,11,12,13,14,15,16,17,18,19,20]
i = 0
while(i < len(numbers)):
    if (numbers[i] + 2) < 20:
        print(numbers[i] + 2)
    i += 1
```

为什么将这行代码放置在与**if**语句相同的缩进量上?这是因为在**print()**函数以后,没有需要再重复进行的命令了,并且为了计算循环所进行到的值,我们必须在开始下一次循环以前,将这行递增代码(**i += 1**)放置在此处。

这行代码或许是**while**循环中最重要的部分了。为什么呢?试着去掉这行递增代码,试着运行一下这个**while**循环,看看会发生什么?

你可能会遇到编程中的第一个**无限循环**!你的命令行窗口将会一直不停地输出同样一个数字:

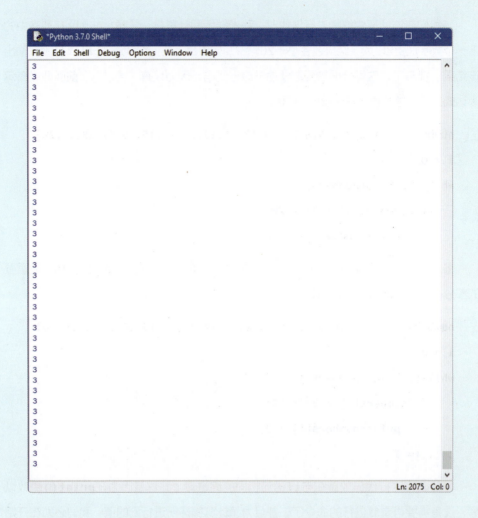

快让它停下来！同时按下Ctrl键和C键！这太疯狂了。无限循环将会无限地执行下去，这显然不是我们想要的结果。

要记住，`while`循环由其布尔表达式来决定什么时候结束循环。在上面的示例中，如果迭代变量没有实现递增，那么布尔表达式始终都在重复判定相同的语句（通常为`True`）。如果结果始终都是`True`的话，那么循环将一直进行下去！所以要小心，一定要尽量避免在你的代码中创建任何的无限循环。（不过也不必太担心，如果出现这种情况，至少你知道应该怎么做！）

就是这样啦！如果你运行这段程序（当然是加上了递增迭代变量语句的代码），输出的结果如下图所示。

```
Python 3.7.0 Shell
File Edit Shell Debug Options Window Help
Python 3.7.0 (v3.7.0:1bf9cc5093, Jun 27 2018, 04:59:51) [MSC v.1914 64 bit (AMD6
4)] on win32
Type "copyright", "credits" or "license()" for more information.
>>> numbers = [1,2,3,4,5,6,7,8,9,10,11,12,13,14,15,16,17,18,19,20]
>>> i = 0
>>> while(i < len(numbers)):
        if (numbers[i] + 2) < 20:
                print(numbers[i] + 2)
        i += 1

3
4
5
6
7
8
9
10
11
12
13
14
15
16
17
18
19
>>>
```

5.3 本章知识点总结

在这一章中，我们学习了 for 循环和 while 循环，掌握了如何用它们来重复执行代码块，并且讨论了它们不同的使用场景。

- **for** 循环通常用于已知循环次数的代码块。
- **while** 循环一般用于并不清楚需要循环多少次的代码块。
- 我们需要多加小心，防止出现无限循环！如果不小心出现了，可以用 Ctrl+C 组合键对付它！
- 你可以同时使用多个 **if** 语句，让循环变得更加复杂。

在下一章，我们将学习 Python 语言中一个超级酷的部分：模块！通过它，我们可以在计算机上画画并上色。不过，在这之前，我们还需要做一些小练习，巩固一下本章所学的内容！

5.4 练习关卡

练习1：让它循环吧！

假如我们想要输出一段问候语给我们的朋友，并告诉他我们最喜欢的甜点，如下所示。

```
print("Hi! My name is Adrienne. My favorite dessert is ice cream.")
```

如果你喜欢的是chocolate、cookies，或是cake呢？该如何修改print()函数来输出你自己的名字和最喜欢的甜点呢？

可以使用print()函数为不同的名字各自写一行代码，就像这样：

```
print("Hi! My name is Adrienne. My favorite dessert is ice cream.")
print("Hi! My name is Mario. My favorite dessert is creme brulee.")
print("Hi! My name is Neo. My favorite dessert is cake.")
```

这似乎有些麻烦。仔细观察这三个print()函数，你注意到了吗？除了名字和甜点以外，其他的文字一模一样。这简直就是运用f-string和循环的经典案例！

做些什么呢

使用循环语句写一段代码，输出下面两个列表中的名字和他们最爱吃的甜点。desserts列表中的甜点顺序与people列表的顺序一一对应。使用f-string输出这些信息吧！

```
people = ['Mario', 'Peach', 'Luigi', 'Daisy', 'Toad', 'Yoshi']
desserts = ['Star Pudding', 'Peach Pie', 'Popsicles', 'Honey Cake', 'Cookies', 'Jelly Beans']
```

预期输出效果

Hi! My name is Mario. My favorite dessert is Star Pudding.

Hi! My name is Peach. My favorite dessert is Peach Pie.

……

（剩下的语句与列表一一对应，这里不再列出。）

练习2：圈圈圆圆圈圈，该进哪个呼啦圈

一只名叫Nacho的猫咪穿过邻居家的院子时，看见一些呼啦圈。他注意到有一些呼啦圈系在了秋千的绳子上，还有一些立在了篮球架旁边。Nacho想要请他的猫咪朋友们过来玩呼啦圈。

做些什么呢

运用你掌握的循环语句的知识，使用**for**循环或**while**循环决定Nacho的所有猫咪朋友该玩哪个呼啦圈。

Nacho认为擅长运动或年轻一些的猫咪可以玩秋千上的呼啦圈，因为秋千在随时摆动，难度更大。对于那些不太喜欢运动或者年纪稍大一点的猫咪可以玩立在篮球架旁边的呼啦圈，因为它们很轻松就可以跳过去。

你可以通过下面的代码开始：

```
nachos_friends = ['athletic', 'not athletic', 'older', 'athletic','younger', 'athletic', 'not athletic', 'older', 'athletic', 'older', 'athletic']
hula_hoops_by_swings = 0
hula_hoops_by_basketball_court = 0
```

在遍历nachos_friends列表时，判断每一只猫咪应该玩哪一种呼啦圈，然后对应的呼啦圈累计相应的数目，并看看最终两边都各有多少猫咪在玩耍。最后，分别输出玩耍秋千呼啦圈和篮球场呼啦圈猫咪的数量。

预期输出结果

Cats at Hula Hoops by Swings: 6
Cats at Hula Hoops by Basketball Court: 5

练习3：数不清的腿

假如我们在一家动物园工作，要按照腿的数量把动物们区分开来。分类工作完成后，还需要清点一下每个类别各有多少只动物。我们该怎么做呢？在现实生活中，我们可能会一只一只地查看它们腿的数量，然后把它们一一对应地放到相同数量腿的区域里，最后再来清点每个区域里有多少只动物。

做些什么呢

首先，先来创建几个变量，表示不同数量腿的动物个数，并赋值为0（开始统计前，初始值为0）：

```
has_zero_legs = 0
has_two_legs = 0
has_four_legs = 0
```

太棒了！现在，有了3个不同的区域来放置动物园里的动物啦，它们分别是：没有腿动物区、两条腿动物区，以及四条腿动物区。下面还有一些信息是关于不同动物的腿的数量：

```
moose = 4
snake = 0
penguin = 2
lion = 4
monkey = 2
dolphin = 0
bear = 2
```

```
elephant = 4
giraffe = 4
koala = 2
shark = 0
kangaroo = 2
komodo_dragon = 4
```

创建一个列表，包含以上动物的腿的数量信息，使用循环语句对该列表进行遍历，对相应数量的腿的动物区进行计数，最终输出3个区域所含动物的数量。

预期输出效果

```
Animals with no legs: x
Animals with two legs: y
Animals with four legs: z
```

练习4：受密码保护的秘密信息

我们曾经都遇到过与朋友分享秘密的情况。如果我们可以写一个小程序，只有输入了正确的密码后才能查看里面的内容，这是不是听起来很酷？是的，通过 **while** 循环就可以实现！

做些什么呢

创建一个新的Python文件，将其命名为secret-message，并保存。在程序中，创建3个变量：一个用来存储设定好的密码（password），一个用来存储用户输入的密码（guess），最后一个用来存储秘密信息（secret_message）。我先写个开头激发一下大家的灵感吧！

```
password = 'cupcakes'
guess = ''
secret_message = 'Tomorrow, I will bring cookies for me and you to
```

第5章 循环

share at lunch!'

接下来，创建一个**while**循环，通过它来不断检查用户每次输入的密码。如果用户输入错误密码，程序会让用户再次输入密码。

为了确保只有正确输入密码的用户才能查看信息，我们需要通过**while**循环来查看**guess**变量是否等于**password**变量。如果不相等，则说明使用该程序的用户并没有输入正确的密码，这时，会继续执行**while**循环，并使用**print()**函数让用户继续输入密码。在该**while**循环中，将用户所输入的密码持续重新赋值给**guess**变量，如下所示：

Guess = input()

只有用户输入了正确的密码后，**while**循环才会停止。循环一旦结束，使用**print()**函数输出我们的秘密信息！

最后，保存我们的小程序，接着再运行它。你就能看到它不停地让你输入密码，你只有输入正确，才能看到加密信息！

预期输出效果

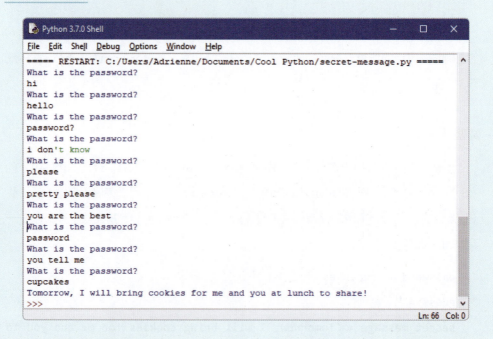

练习5：猜数字游戏

使用Python内置的**random**模块和**while**循环，创建一个简单的猜数字游戏！计算机将会选取一个随机数字并赋值给一个变量，然后你来猜猜这个数字是多少。

做些什么呢

创建一个新的Python文件，将其命名为guess-the-number-game，并保存它。在程序中，导入**random**模块（就像下面这样直接输入`import random`），并创建两个变量：一个用来存储计算机选取的随机数字，一个用来存储你在游戏中猜测的数字。

```
import random

# selects a random number between 1 and 100

number = random.randint(1,100)
number_of_guesses = 0
```

你可以改变计算机选取随机数字的范围，因为这是属于你的游戏！

现在来创建一个**while**循环，查看**number_of_guesses**变量的值是否小于我们设定的最大值。

```
While number_of_guesses<10
```

如果是的话，说明我们还有机会继续尝试输入密码。该情况下，继续进入**while**循环，并使用**print()**函数让用户继续输入一个猜测的数字。

```
printl('Guess a number between/and 100:')
```

同样，在**while**循环内，将用户继续输入的数据赋值给**guess**变量，如下所示：

```
guess = input( )
```

一般来说，我们输入到命令行窗口中的任何数据类型都是字符串类型。因此一定要使用正确的方式来判断用户猜测的数字是否正确，这里使用**Python**内置的**int()**函数，对**guess**中的值进行取整，进而转化成整数型。

第5章 循环

```
guess = int(guess)
```

假如你又进行了一次新的猜测，那么需要将你的**number_of_guesses**变量加**1**。

number_of_guesses=number_of_guesses+1

最后，还需要检查输入的**guess**的值是否等于计算机最开始随机选取的数值。使用**if**语句进行判定，并用**break**语句跳出循环。

```
if guess==number:
    print("Whoo! that's the magic break number!")
    break
```

只有在猜到正确的数字，或者是用完了所有的机会之后，才能结束这个**while**循环。无论出现哪种结局，都应告诉玩家游戏失败或者猜测成功！

保存文件，并运行它！可以开始我们的猜数字游戏啦！

预期输出效果

```
= RESTART: C:/Users/Adrienne/Documents/Cool Python/guess-the-number-game.py =
Guess a number between 1 and 100:
3
Guess a number between 1 and 100:
97
Guess a number between 1 and 100:
34
Guess a number between 1 and 100:
29
Guess a number between 1 and 100:
33
Guess a number between 1 and 100:
81
Guess a number between 1 and 100:
16
Guess a number between 1 and 100:
93
Guess a number between 1 and 100:
67
Guess a number between 1 and 100:
54
Aww, you ran out of guesses. The magic number was 52.
>>>
```

练习6：循环的字母

我们还可以使用for循环遍历一个字符串中的所有字母。我们来试着遍历自己的英文名字，看看里面有多少个元音字母吧。

做些什么呢

我们写一个小程序来遍历我们的英文名字，算算里面有多少个不同的元音字母吧。首先，创建几个变量来存储需要用到的信息：

```
full_name = 'Adrienne Tacke'
number_of_a = 0
number_of_e = 0
number_of_i = 0
number_of_o = 0
number_of_u = 0
```

现在，写一个for循环来遍历full_name变量中的所有字母，如果含有字母a、e、i、o或者u，则将对应的变量加1。当完成整个名字的遍历后，输出所含元音字母的数量。

预期输出效果

```
===== RESTART: C:/Users/Adrienne/Documents/Cool Python/loopy-letters.py =====

Total number of As: 2
Total number of Es: 3
Total number of Is: 1
Total number of Os: 0
Total number of Us: 0
>>>
```

5.5 挑战关卡

挑战1：挑选巧克力饼干

想象一下，假如你是个爱吃巧克力的人。现在，在你面前有一大堆巧克力饼干，你需要在这堆饼干中挑选出含巧克力豆最多的，也就是说要选出有5个以上巧克力豆的饼干。为了让饼干的味道更加纯正，我们还要筛选出用巧克力面粉做出的饼干（而不是普通的面粉）。你能写一个终极的chocolate lover函数，选择出最地道的巧克力饼干吗？

下面cookies列表中的元素就代表着托盘中等待筛选的饼干：

cookies = ['R6', 'C5', 'C3', 'C8', 'R7', 'R7', 'C6', 'C9', 'C10','R8', 'C2', 'C7', 'R4']

元素中的字母注释：**R**=普通面粉，**C**=巧克力面粉，数字表示饼干上巧克力豆的数量。

示例：

"R1"：表示这块饼干使用的是普通面粉，并且上面只有1颗巧克力豆。（真遗憾！）

"C8"：表示这块饼干使用的是巧克力面粉，并且有8颗巧克力豆！（选它！选它！）

你的任务：试着写一段代码，挑选出最纯正的巧克力饼干，并输出最终满足条件的饼干的列表。

挑战2：更有趣的猜数字游戏

我们在练习5中创建的猜数字游戏已经很有意思了，但是我认为还可以让它更有趣。如果计算机可以根据我们的猜测判断出是大于或小于最终结果，岂不是更好？这样一来，在下一次的猜测中就可以给出更加准确的答案！还有，我们应该告诉游戏玩家究竟还剩下多少次尝试的机会。

做些什么呢

打开前面练习5中的guess-number-game文件，修改其中的**for**循环语句，让系统自动反馈猜测的数值究竟是太大还是太小。同时，在每一次猜测错误后，输出还剩下多少次机会。

预期输出效果

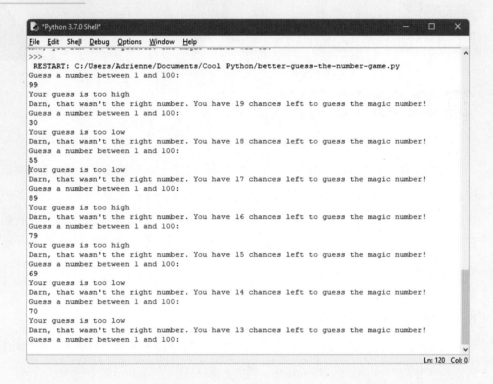

第6章

模块的使用

Python最酷的事情之一就是它附带了许多预先编制好的代码供我们使用！我们将这些现成的代码组称为**模块**。这一章就将给大家详细介绍turtle（海龟）模块。这里的模块通常就是一个Python文件，它包含了多个相互协作的代码块，并与其他相关联的代码块组合在一起。我们将在下一章中详细了解它们并创建自己的模块，不过现在，我们先来学习turtle模块，看看如何创建一只小海龟，让它移动、变色。

6.1 使用turtle模块

要使用turtle模块或者其他的模块，首先应该将其导入，也就是说将这些模块的代码变为可用状态。只需输入单词**import**，再加上模块名称就可以啦，如下所示：

```
import turtle
```

你也试试在命令行窗口中导入**turtle**模块吧。（注意：导入后什么也不会出现哦！）

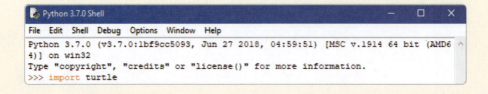

导入模块就像是告诉计算机："嘿，计算机伙计！我想要画一些小海龟。我想这些代码应该在turtle模块中已经内置好了，你能先把它们拿出来准备好吗？这样，当我需要你做些什么时,你就能按照turtle模块中的指令完成相应的操作了!"

6.2 创建一个模块

当导入turtle模块后,我们依然看不到任何东西出现在屏幕上。不过不用着急,这很正常。在系统后台,turtle模块中的一系列代码已经在随时待命了,我们随时可以创建一只小海龟啦!使用turtle模块中的 shape()函数可以绘制各种形状的图案,具体格式如下:

turtle.shape('turtle')

在你的命令行窗口中也试着输入这段代码。

```
Python 3.7.0 (v3.7.0:1bf9cc5093, Jun 27 2018, 04:59:51) [MSC v.1914 64 bit (AMD64)] on win32
Type "copyright", "credits" or "license()" for more information.
>>> import turtle
>>> turtle.shape('turtle')
>>>
```

按下**Enter**键,看看发生了什么?

哈!我们的小海龟出现了!太可爱了。你想叫它什么呢?就叫它Tooga好了。

现在,你会看到小海龟待在一个单独的窗口里,这是turtle模块自动实现的。无论什么时候使用turtle模块,我们都会得到两个东西:一个是**Screen**对象,也就是小海龟活动的窗口;还有一个是**turtle**对象,就是我们创建的小海龟!通过以上两个对象的交互,再搭配turtle模块中预置的其他各类型的代码,就可以创造出各种各样的图案啦!

写下下面这行代码:

turtle.setup(500, 500)

上面这行程序可以适当缩小窗口,又能确保Tooga在窗口中的尺寸。现在,我们到Tooga的家中(也叫作Screen,就是小海龟所在的窗口)玩些有趣的游戏吧!

6.3 给海龟建一个家

Tooga看起来似乎很喜欢它的家。不过,我们还可以让它的家变得更好玩!首先,来改变它的家的颜色,可以使用**Screen**对象中的**bgcolor()**函数来改变颜色。**bgcolor()**函数也是一段预先设置好的代码块,它可以用来改变窗口的背景颜色,就像这样:

turtle.Screen().bgcolor("blue")

大致原理是这样:首先,需要告诉计算机我们想要进行交互的对象,就是**Screen**。由于**Screen**对象属于**turtle**模块,因此用一个点号来标记它们之间的从属关系。在大部分编程语言中,点号(**dot notation**)常常用来表示不同代码块之间的从属关系。为了告诉计算机我们需要使用**turtle**模块中的**Screen**对象,必须在它们之间加上一个小点(.)。代码如下:

turtle.Screen()

接着告诉计算机，我们还需要用到 **Screen** 对象中的 **bgcolor()** 函数来改变窗口的背景颜色。就像前面一样，我们在 **Screen** 对象和即将使用的函数名之间再加上一个点号：

turtle.Screen().bgcolor()

最后，再给 **bgcolor()** 函数一个颜色值：

turtle.Screen().bgcolor("blue")

现在，所有代码加起来，计算机就能明白我们的意思啦："请找到 **turtle** 模块中的 **Screen** 对象；然后再找到该对象下的 **bgcolor()** 函数；最后，执行该函数，将背景替换成想要的颜色。"在这里，我们选择的是蓝色。

注意，我们需要的代码已经预置在 **turtle** 模块中了，这也是为什么需要先将 **turtle** 模块导入进来。现在，计算机就可以通过 **turtle** 模块找到相应的对象和函数，执行那些已经写好的代码啦！

该不该加圆括号

在上面的代码中，为什么 **Screen** 后面需要加上圆括号，而 **turtle** 后面没有呢？我们再看看这行代码：

turtle.Screen().bgcolor("blue")

这其实是计算机编程架构中的一种类型，叫作**面向对象编程**（object-oriented programming）。在面向对象编程时，许多软件工程师都致力于编写成组的并且可以重用的代码块，它们可以像"砖块"一样，彼此协作，构建一个整体。这样一来，代码一方面可以成块地写入模块中，供我们随时调用，比如这里的 **turtle** 模块；另一方面，也可以为我们实例化一个对象，比如这里的 **Screen** 对象。在 **Python** 的 **turtle** 模块中，由于每次都需要对它进行修改，因此需要将 **Screen** 对象进行**实例化**，得到该实例。当你越来越多地使用其他模块或者面向对象编程时，你就会明白了。

第6章 模块的使用

如果你一直紧跟我们的进度，小海龟的家现在应该变成蓝色的了。已经执行下面几行代码。

可以让Tooga的家变成下图这样：

哇，真的变成了蓝色！不过，这还不是我想要的那种蓝色。因为Tooga住在大海里，所以想要选择一种像海水那样的蓝色。幸运的是，我们真的可以实现它！不过，在开始之前，先来看看颜色显示的原理吧。

颜色都是由红、绿、蓝三原色组成的

计算机中的所有颜色其实都是由**三原色**（红、绿、蓝）以不同方式进行**叠加**生成的。计算机叠加颜色，就是指通过不同程度的红色、绿色以及蓝色的混合来创建出其他不同的颜色。计算机屏幕就是通过叠加不同颜色的光来显示出不同的颜色。因此，在选

择计算机显示的颜色时，需要告诉计算机三个原色确切的值，从而得到我们想要的颜色，这就叫作**RGB颜色模型**（R: Red，红色；G: Green，绿色；B: Blue，蓝色）也就是Red Green Blue颜色模型。三个值分别代表了红色、绿色、蓝色的显示程度：

(R, G, B)

每个数字依次代表我们想要的某特定颜色中所包含的红色、绿色和蓝色的数量。第一个数字就是红色的强度。如果我们需要最正最浓的红色，并且不需要含有其他颜色时，RGB模型中红色（R）就应该为最大值，绿色（G）和蓝色（B）都为0，如下所示：

(255, 0, 0)

同样，如果我们想要最浓的绿色，则应该将G设为最大值，而R还有B均为0：

(0, 255, 0)

假如我们需要真正的蓝色，那么R和G就应该为0：

(0, 0, 255)

你或许会问，为什么最大值恰好是255呢？我们就再深入讨论一下吧。这个数值是由计算机存储信息的方式决定的。计算机使用数字0和1来处理信息。**比特**（bit，也就是binary digit的缩写）是计算机存储信息的最小单位。1比特代表0或者1的状态，可以对应理解为"打开"或者"关闭"。**字节**（byte）是计算机中另一个存储数据的计量单位。1字节等于8**比特**，并且恰好也等于一个RGB值的大小！因此，在8个比特单位中，数字0可以换算成00000000，数字255则可以换算成11111111。正如你所看到的，我们所能存储的RGB最大值恰好等于我们全部使用完1个字节的8位数。既然1个RGB值就是1个字节的数据，那么将1个字节换算过来，很显然255就该是RGB值的最大值。没有想到吧？

十六进制颜色模型

我想要Tooga家的颜色的变成#1DA2D8。现在，你肯定会问，#1DA2D8又代表了什么呢？它正是我们刚刚提到的那种像大海一样的蓝色，只不过换成了十六进制的形式来表示而已。十六进制颜色模型采用16个字符来分别对应不同的数字。这16个字符分别是0，1，2，3，4，5，6，7，8，9，A，B，C，D，E和F。由于每个数位上有16个字符，因此我们把它称为基数为16的计数方式。

日常生活中通常使用基数为10的方式进行计数，因此每个数位上有10个字符，我想你肯定很熟悉了：0，1，2，3，4，5，6，7，8，9。所有数字都是通过它们的组合来表示的。

下面有一些例子，我们来看看十六进制的字符是如何表示十进制数的吧。

十进制（基数 10）	十六进制（基数 16）
0	0
1	1
2	2
3	3
4	4
5	5
6	6
7	7
8	8
9	9
10	A

十进制（基数 10）	十六进制（基数 16）
11	B
12	C
13	D
14	E
15	F
16	10
100	64
200	C8
250	FA
255	FF

在十进制中，当计数到达10时，我们已经占用2个字符了。而同样的大小在十六进制中，我们依然只需要占用一个字符，也就是"A"。这样就节约了一个字符的空间。

在该颜色模型中，我们通过这些不同的字符来组成一个6位的十六进制颜色。这6位数中，前面两位代表R值，中间两位数代表G值，最后两位代表B值。它们之间最大的区别在于十六进制只需要6位数就可以表达出十进制中可能需要9位数才能表示出的颜色（这里之所以说可能是9位，是因为比如1DA2D8换算成十进制的话是29162216，这里需要8位）。为了让这些十六进制的数字真正表示颜色，我们还需要在最前面加上一个井字符（#），这样计算机就知道它是十六进制颜色模型中的某个颜色啦！

Tooga的家2.0版本

我们接着回来说Tooga。

现在，我们已经知道如何使用RBG模型来选取特定的颜色了，下面就给Tooge的家重新设定一个更加合适的蓝色吧。首先，需要告诉**turtle**模型我们需要用到RBG颜色模型，而不是仅仅给出一个颜色的"名字"。代码如下所示：

turtle.Screen().colormode(255)

接下来，分别对红色、绿色、蓝色进行赋值，这里用**bgcolor()**函数来进行赋值：

turtle.Screen().bgcolor(29, 162, 216)

耶！Tooga的家现在终于变成跟大海一样的蓝色啦！

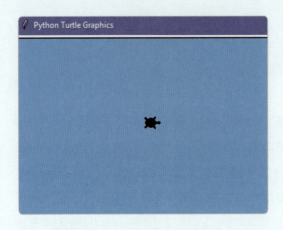

是不是好看多了？不过，Tooga的颜色也变得不太明显了。既然我们可以改变窗口的背景颜色，也一定可以改变Tooga的颜色！

6.4　为海龟设置颜色

我们已经将Tooga的家换成了更合适的蓝色，接下来，我们把**Tooga**也换成海龟的颜色吧！代码与之前的示例类似，只不过需要把Screen对象改为**turtle**对象。猜猜代码该怎么写呢？看看下面的代码：

turtle.color(9, 185, 13)

就是这样！我们需要改变**turtle**对象本身。接着，我们使用**turtle**模块中的**color()**函数，通过RGB值给它一个特定的颜色，那么现在的Tooga应该就是下面的样子啦！对了，你也可以选择自己喜欢的颜色，为你的小海龟换上你想要的颜色吧。

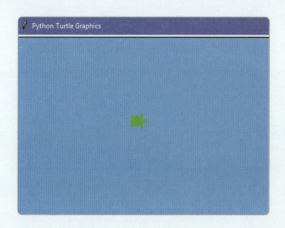

Tooga变成绿色啦！不过，好像还是不太容易看清。我们来为它添加一个轮廓，让它的形状更加明显吧！需要用到**pencolor()**函数，代码如下：

turtle.pencolor(0, 128, 0)

这样，我们的Tooga就有了一个深绿色的轮廓线。

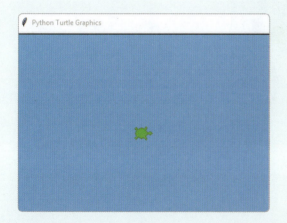

嗯……即使修改了这一系列颜色，可我还是觉得很难看清Tooga。我们不妨试着让它变大一些。

第6章 模块的使用

6.5 大海龟还是小海龟？

Tooga的家这么大，我们很难在这片海域中看清它的身影了。为了解决这个问题，我们可以让它变大一点点，这样我们一下子就能看到它啦！可以使用**turtlesize()**函数实现这个操作：

turtle.turtlesize(10, 10, 2)

这里的**turtlesize()**函数需要输入三个参数：第一个和第二个代表海龟增加的长度数量（上下两个方向）和宽度数量（左右两个方向）；第三个参数代表海龟轮廓线的宽度值，也就是Tooga深绿色的那部分。Tooga确实变得更大了。哇噢！这……会不会太大啦？

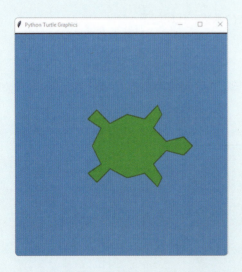

不用担心！我们还能让它变回原来的样子。假如想要将海龟重置为最初的大小，可以使用**resizemode()**函数：

turtle.resizemode('auto')

这样，我们的海龟就变回最初的大小了。上一行代码中输入的参数**'auto'**告诉计算机使用**turtle**模块中最初的默认值。这一次，我们再来重新设置Tooga的大小吧，不要太大哦！

turtle.turtlesize(3, 3, 2)

这次的大小终于合适啦！我们得到了一个大小合适的Tooga！

现在，你或许要问，**turtle.turtlesize()**函数中的第三个参数该如何使用呢？我们刚刚提到了，这个参数决定Tooga轮廓线的粗细程度，因此，如果你在**turtle.turtlesize()**函数中输入了第三个参数，那么系统将会重新设置海龟的轮廓线。当然，你也可以在任何时候单独设置轮廓线的粗细，而无须改变Tooga的大小，我们只需要给**turtle.turtlesize()**函数输入一个单独的outline（轮廓）值即可：

turtle.turtlesize(outline = 10)

不过这样做以后，Tooga的轮廓线好像稍微粗了一点点！

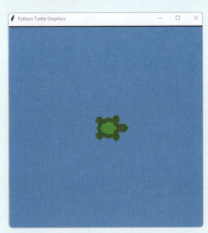

129

第6章 模块的使用

现在的轮廓太粗了，再改细一点：

turtle.turtlesize(outline = 3)

现在看起来就好多了！

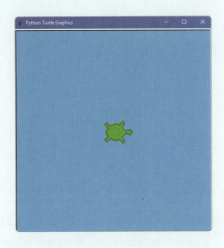

现在，Tooga的大小和颜色都设置好了，我们让它四处转转吧！

6.6 移动小海龟

Tooga似乎很喜欢它的新家！我们可以通过**forward()**函数和**back()**函数来改变海归的位置，让它在家里活动。在两个函数中所输入的数字就是海龟前进或者后退的像素距离。**像素（pixels）**是组成计算机屏幕的一个个小点，它是处理图像或者图画时最常见到的单位。如果我们需要Tooga向前移动200个像素，可以这样写：

turtle.forward(200)

快看，它真的移动到右边了！

再让它后退350个像素：

turtle.back(350)

现在，它又移动到屏幕的左边啦！

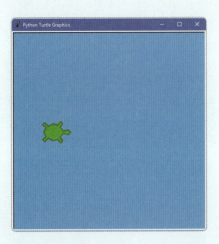

Tooga游得好开心呀！一会在屏幕左边，一会在右边。现在，它还想去上面和下面看看。我们该怎样帮助它呢？

嗯……假如你想要去某个方向，会怎么做呢？你很可能是首先把身体转向要去的方向，然后再走向那个位置，对吧？我们可以使用类似的代码让Tooga改变自身的朝向！

第6章 模块的使用

假如要将它移动到屏幕顶部,它应该往哪个方向转动呢?

向左!那么,我们就让Tooga往左选择一定的角度吧:

turtle.left(90)

现在,Tooga应该是朝着屏幕的上方了,也就是我们要前进的方向,这正是我们想要的效果!

在**left()**函数(或者后面即将遇到的**right()**函数)中输入的参数,就是想要转动的**角度**。如果旋转了360度,则意味着转了一整圈,然后又回到了最开始的方向。旋转180度则意味着变成了和之前完全相反的方向。在**left()**函数或者**right()**函数中输入参数值,就可以让Tooga旋转到指定的方向啦!

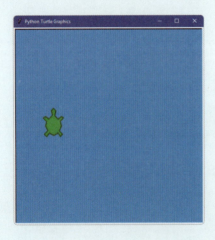

现在,剩下的事我想你肯定都会了。让Tooga向前移动,直到到达屏幕的顶端。

turtle.forward(200)

现在Tooga已经游到屏幕的最顶端啦!

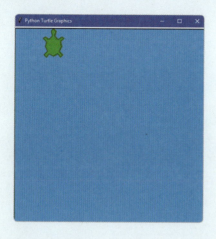

接下来,我们想让它再移动到屏幕下方。这次让它移动到屏幕的右下角区域吧!注意,我们还是需要先将它旋转到正确的方向,接着再往前移动!

其中一个方法就是我们先让它向右转:

turtle.right(150)

接着,我们输入足够的像素值让它向前移动:

turtle.forward(300)

似乎还不够距离,我们让它再往前移动一些距离吧:

turtle.forward(200)

成功啦!现在Tooga已经探索完它的新家了!你可以继续和它玩耍,让它探索更多的区域,直到你完全掌握**forward()**、**back()**、**left()**以及**right()**函数的用法。

6.7 涂鸦和绘制图形

我们还可以使用**turtle**模块来绘制和创建各种图形。**turtle**模块为我们提供了许许多多的函数,可用于在**Screen**对象中进行绘画。下面我们就来试试吧!

6.7.1 创建一支画笔

开始之前，我们还需要一只画笔！我们先来创建一个 **turtle** 对象的实例吧，将其命名为pen。

pen = turtle.Turtle()

注意，我们可以把"实例"理解成"对象"的副本。通过对象我们可以调用所有该模块中的内置函数，实例**pen**也可以调用相同的函数。因此我们就可以这样编写代码：

pen.color("blue")

pen.pensize(5)

pen.forward(100)

这些函数看起来是不是非常相似？确实！在本章开始时，我们也用到过类似的函数来改变Tooga的颜色并让它移动。现在，假如我们想要用**turtle**对象来画画，依然可以使用相同的函数来实现这些功能。

6.7.2 创建一个形状

我们接着使用pen来画画。你知道如何画出一个橘黄色的正方形吗？先来思考一下，在现实生活中我们是如何用手来画画的呢？你或许会先选择一支橘黄色的彩笔。而在编写代码时，也需要做相同的事情！通过改变画笔的颜色来"选取"我们想要的颜色：

pen.color("orange")

接下来，按照正方形的形状来移动画笔，也就是说，需要向四个方向移动相同的距离来构成正方形的四条边，最后再回到起始的位置。这里如何通过代码来实现呢？我们依然可以使用上面Tooga所用到的相关函数，因为它们使用的就是相同的对象！

先来画第一条边，代码如下：

`pen.forward(100)`

此时窗口就会变成下图这样：

现在，为了画出一个完整的正方形，我们需要继续往哪边移动画笔呢？

可以往上，也就是朝着页面顶部的方向，在编程时，同样也需要调整画笔的方向，我想你应该知道怎样操作了。是的，我们将画笔向左旋转90度：

`pen.left(90)`

接着，我们继续画相同长度的另一条边：

`pen.forward(100)`

现在，正方形已经画好一半了！

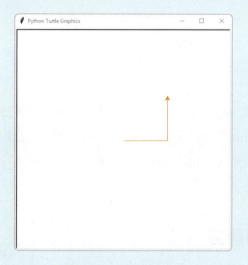

目前正方形只剩下两条边了，我敢肯定你知道接下来的操作了！

pen.left(90)

pen.forward(100)

pen.left(90)

pen.forward(100)

于是，我们的正方形就基本完成啦！

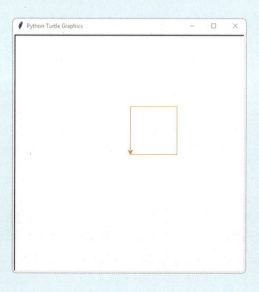

太棒了！等等，我想你也注意到了，我们的正方形上面还多了一个箭头的形状。不过，我们可以把它藏起来，只剩下完整的正方形。可以使用下面这行代码：

pen.hideturtle()

hideturtle()函数的作用是：隐藏当前正在使用的**turtle**对象。虽然我们使用的是**turtle**对象的一个副本，并且命名为了pen，但是该模块中的各个函数依然与最原始的**turtle**对象有关。这也是为什么这里的函数只能叫**hideturtle()**，而不是**hidepen**了。

现在，就可以看到一个完整的正方形了。

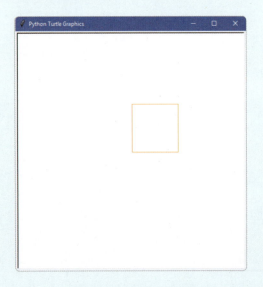

对于这个形状，我们实际上是通过重复执行特定次数的代码而得到的，我们可以让这段代码更简洁一些。那么应该采取什么样的方式来重复这段代码呢？你是说**for**循环吗？答对了，就是它！

```
for i in range(1, 5):
    pen.forward(100)
    pen.left(90)
```

这就好多了！无论什么时候，我们都应该尽量让代码看起来更加简洁易懂，就像上面一样。只有这样，当我们再回过头来检查时，才能很快明白它们的含义。

6.7.3 为图形上色

这一章的大部分内容都是在讨论如何用线条来绘制形状。我们还可以对它们进行上色！要实现该操作，需要先告诉计算机选取哪种颜色：

pen.fillcolor('orange')

接着，告诉计算机"为接下来我们所画出的形状上色"：

pen.begin_fill( )

下面，就可以绘制任何我们想要的形状了。可以通过创建画笔并设定方向和距离来绘制，也可以使用某个内置函数来绘制（下一节我们会讲到）。下面，我们就来画一个圆吧。

pen.circle(50)

接下来，告诉计算机我们需要上色的形状已经绘制好了，请它帮我们完成上色。

pen.end_fill()

瞧，一个完美的橘色的圆就画好啦！

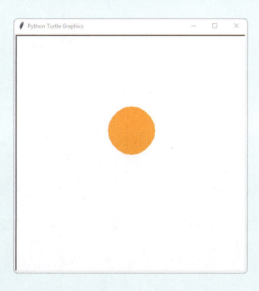

6.7.4 使用内置函数

你知道**turtle**对象还有许多内置函数（built-in functions）吗？利用它们可以创建更多的图案，赶快一起来看看吧！

circle( )

circle()函数用来创建一个圆。circle()函数通常由三个参数组成，它们都是整数型：

circle(radius, extent, steps)

当我们用该函数绘制圆时，必须至少输入一个参数，该参数默认为圆的**半径**。因此，如果你写下这行代码：

pen.circle(100)

系统将会绘制一个半径为100的圆。

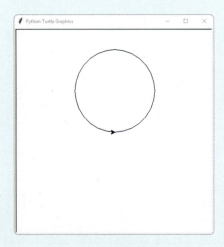

这是绘制圆形最简单的方法。假如我们在circle()函数中输入两个参数呢？那么这两个参数就分别对应圆的半径和弧度。例如下面这行代码：

pen.circle(100, 180)

此时，我们告诉计算机绘制一个半径为100的圆（第一个参数），但是只画到180

度的圆周（第二个参数）。由于一整个圆周是360度，因此最后的结果就只有圆的一半，或者叫**半圆**。

如果我们想要在`circle()`函数中同时使用三个参数，那么第三个参数就代表着"圆的边数"（计算机中的圆通常是由正多边形来表示的。只要该多边形的边数足够多，就越近似一个圆）。因此，这里的代码设置为：

```
pen.circle(200, 270, 30)
```

这行代码告诉计算机，"你好！你能帮我绘制一个半径为200，圆周为270度的圆吗？对了，'边数'是30哦。"噢，真是一串复杂的指令。不过对于智能的计算机来讲真的是小菜一碟！

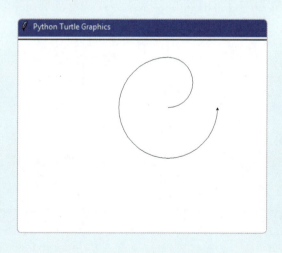

哈哈，我们成功画出了一段螺旋！利用 **circle()** 函数还可以画出许许多多的形状和图案。修改一下参数，看看你还能画出什么图形吧！对了，不要忘了修改笔的颜色和粗细，让我们创造出更多的作品吧！

stamp()

turtle 对象中另一个非常酷的函数是 **stamp()** 函数。**stamp()** 函数可以在当前位置"印制"一个所选对象的形状。为了进行展示，我们先创建一个 **turtle** 对象的实例，将它设置成海龟的形状，并让它变成绿色。

turtle_stamp = turtle.Turtle()

turtle_stamp.shape('turtle')

turtle_stamp.color('green')

接着隐藏 **turtle** 对象移动时画下的痕迹，因为我们只需要"印章"。

turtle_stamp.penup()

接下来有趣的来了：要得到"印章"，只需要将海龟移动到下一个我们想要的位置，然后执行下面的代码：

turtle_stamp.forward(100)

turtle_stamp.stamp()

哇！现在知道如何"印制"海龟了吗？我们接着再"印制"一些吧：

turtle_stamp.left(90)

turtle_stamp.forward(100)

turtle_stamp.stamp()

turtle_stamp.left(90)

turtle_stamp.forward(100)

turtle_stamp.stamp()

turtle_stamp.left(90)

turtle_stamp.forward(100)

```
turtle_stamp.stamp()
```

执行完以上的代码后,就可以得到4个海龟印章啦!

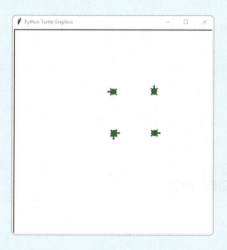

假如我们将 **stamp()** 函数和 **for** 循环结合起来,还会变得更有意思!假如我们要创建一群螺旋排列的海龟,试试下面的代码吧:

```
import turtle
# 导入random模块,以备使用
# random模块可以为我们随机生成一系列数值!
import random

# 创建一个"印章"
stamp = turtle.Turtle()

# 将"印章"的形状设置成"小海龟"
stamp.shape('turtle')

# 提起"印章",以免移动时留下印记
stamp.penup()
```

143

第6章 模块的使用

```python
# 设置为RGB颜色模式，以便后面可以随机生成不同颜色
turtle.colormode(255)

# 设置变量
# 其中一个用来作为初始的移动步数(paces)
# 另外三个分别作为初始的R、G、B值
paces = 20
random_red = 50
random_green = 50
random_blue = 50

# 开始一个for循环来重复执行这段"印章"代码
# 重复执行50遍
for i in range(50):
    # 使用random函数随即生成一个数值并赋值给R值(random_red)
    random_red = random.randint(0, 255)
    # 使用random函数随即生成一个数值并赋值给G值(random_green)
    random_green = random.randint(0, 255)
    # 使用random函数随即生成一个数值并赋值给B值(random_blue)
    random_blue = random.randint(0, 255)
    # 将随机生成的RGB色值设置成"印章"的颜色
    stamp.color(random_red, random_green, random_blue)
    # 盖章！用上一步所生成的颜色留下一个小海龟的印记
    stamp.stamp()
    # 每次移动增加一定步数
    paces += 3
    # 以新的步数向前移动
    stamp.forward(paces)
```

```
# 稍微改变一点前进的方向,以便生成一个螺旋的移动轨迹
stamp.right(25)
```

执行这段代码,可以得到下面的结果。

正如**circle()**函数一样,**stamp()**函数为我们创作图案甚至游戏提供了无限的可能性!再试试其他的形状或者颜色,看看你还能创作出什么吧!

write( )

turtle对象还提供了一个很有趣的内置函数:**write()**函数。如果需要在屏幕上写下一段文字,可以用该函数。看起来和前面学到的**print()**函数有些类似:

```
pen = turtle.Turtle()
pen.write("Turtles rock!")
```

上面的代码默认使用当前画笔的粗细以及颜色来显示将要输出的文本。如果我们想要修改字体,也就是改变文本的样式或者大小,可以为**write()**函数设置第二个参数。接

下来我将调整一下字体大小，并设为正常粗细（而不是粗体或者斜体），让它更加便于阅读：

```
pen.write("Turtles rock!", font=("Open Sans", 60, "normal"))
```

你明白这些参数的作用了吗？第一个参数是我们想要输出显示的文本，元组中存储的第二个参数为设定的字体样式！执行这行代码，就能得到下面的结果。

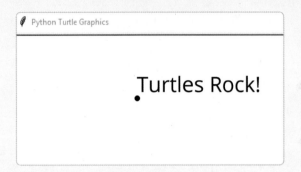

这些函数为我们编写程序提供了如此多的可能，是不是非常兴奋？我们能做的太多太多啦！

6.8 本章知识点总结

这一章我们学习了turtle模块，通过它完成了好多超级酷的操作，甚至还交到了新朋友！

- Python自带**turtle**模块，它包含一系列已经写好的函数及代码供我们随时调用。
- **turtle**模块可以为我们提供**turtle**对象和**Screen**对象，帮助我们实现绘画、创建形状，以及与窗口交互等操作。
- 还学习了如何创建小海龟。
- 改变了小海龟家的颜色（就是那个窗口）。
- 修改了海龟的颜色、轮廓线以及大小。
- 学习了如何移动、旋转小乌龟。

在与小海龟玩耍时，我们还学习了一些关于计算机的重要知识。

- 学习了**RGB颜色模型**，它可以帮助我们选择计算机上任何我们想要的颜色。
- 学习了计算机存储数据的原理，以及**字节**和**比特**的区别。
- 学习了如何使用**turtle**模块进行绘画和创建形状。
- 创建了一些画笔。
- 学习了如何改变画笔的颜色和大小。
- 学习了如何绘制形状并为它填充颜色。
- 学习了"印章"。

没想到一个模块里面竟然有这么多内容！下一章，我们将学习如何创建属于自己的模块和函数。

6.9 练习关卡

练习1：画个星星吧！

现在，我们已经了解了**turtle**模块以及它相关的使用方法，下面就用它创建一个小程序，画个五角星吧！

做些什么呢

1. 新建一个Python文件，将其命名为star，并保存。
2. 导入**turtle**模块：

   ```
   import turtle
   ```

3. 将颜色模型设置为**RGB模式**：

   ```
   turtle.colormode(255)
   ```

4. 创建一个**pen**变量，并将一个**turtle**对象赋值给它。这便于理解绘画的过程，而不是在和一只小海龟玩耍。

   ```
   pen = turtle.Turtle( )
   ```

5. 选择一种你喜欢的黄色，并确定它的RGB值，当然，也可以用其他的颜色。这里，我选择浅黄色。

```
pen.color(225, 215, 0)
```

6. 接着改变画笔的尺寸，好让它看起来更合适。你可以选择任何想要的尺寸。

```
pen.pensize(5)
```

7. 现在，我们隐藏画笔的形状，从而可以更加方便地看到五角星。

```
pen.ht( )
```

8. 开始绘制吧！先让画笔向前移动100个单位，接着让画笔向右旋转144度。重复操作五次，就能得到一个五角星啦。

具体的代码如下所示：

```
pen.forward(100)
pen.right(144)

pen.forward(100)
pen.right(144)

pen.forward(100)
pen.right(144)

pen.forward(100)
pen.right(144)

pen.forward(100)
```

9. 同时按下Ctrl+S组合键保存文件。然后使用F5键开始运行，五角星就会出现在你的面前啦！

奖励关卡：你能使用for循环优化上面的代码吗？

预期输出效果

练习2：幸运转盘

做些什么呢

创建一个新文件，将其命名为fortune-teller，并保存。导入**turtle**模块和**random**模块：

import turtle

import random

创建一个新的**turtle**对象，命名为**pointer**，可以直接使用它默认的指针形状符号，因为它就是我们这里想要的。对了，记得设置它的大小：

pointer = turtle.Turtle( )

pointer.Turtlesize(3, 3, 2)

再创建一个新的**turtle**对象，将它命名为**pen**，如下所示：

pen = turtle.Turtle( )

最后，创建一个变量存储指针的旋转量，使用**random**模块随机生成一个数值，如下所示：

149

第6章 模块的使用

spin_amount = random.randint(1,360)

现在，将pen抬起来，因为现在并不需要它在移动时留下痕迹。只有到达指定位置时，才需要开始写字。代码如下：

pen.penup( )

使用goto()函数先后让pen移动至屏幕的四条边的位置。在每一条边上，分别写下一句幸运转盘的答案，可以是简单的"Yes"或者"No"，也可以是"一辈子都别想！"等有趣的话。为了帮助大家找到思路，我将为大家提供屏幕四个方向上的坐标：

```
# 右边
pen.goto(200,0)
pen.pendown()
pen.write('Yes!', font=('Open Sans', 30))
pen.penup()

# 左边
pen.goto(-400, 0)
pen.pendown()
pen.write('Absolutely Not!', font=('Open Sans', 30))
pen.penup()

# 上面
pen.goto(-100, 300)
pen.pendown()
pen.write('Uhh, Maybe?', font=('Open Sans', 30))
pen.penup()

# 下面
pen.goto(0, -200)
pen.pendown()
pen.write('Yes, but after 50 years!', font=('Open Sans', 30))
```

```
pen.ht()
```

最后,将 `spin_amount` 变量中的值传递给指针的 `left()` 或者 `right()` 函数,使指针在某个特定方向上转动相应的角度。

保存最终文件。现在,每当我们运行幸运转盘程序时,都会随机得到一个结果来回答我们心中的问题。

练习3:彩虹海龟

做些什么呢

使用你所掌握的关于 `stamp()` 的知识,创建一个程序,输出彩虹色的海龟"印章"。确保海龟颜色的顺序和彩虹的颜色顺序一样哦!

小提示

使用 `for` 循环对需要重复执行的步骤进行迭代,包括改变海龟的颜色、印制印章以及将海龟移动一定距离。

预期输出效果

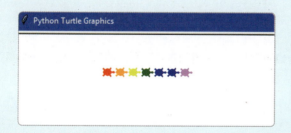

练习4:大圆套小圆

创建一个大圆套小圆,再套小小圆……

做些什么呢

使用 `circle()` 函数以及你所知道的颜色填充的知识,绘制一个大圆,并为其上色。

接着，再画一个中等大小的圆并用不同的颜色进行填充。此时，请确保你仍然可以看到中等大小的圆圈，并且包含在大圆之内。最后，再画一个较小的圆，用第三种颜色进行填充，并确保它包含在两个较大的圆圈中。

小提示

这里需要重复执行一些相似的操作，可以应用**for**循环！首先，逐行查看绘制圆圈和颜色填充的代码，一旦开始重复相同的步骤，跳转进入**for**循环；然后，修改不同圆圈的大小及颜色。

预期输出效果

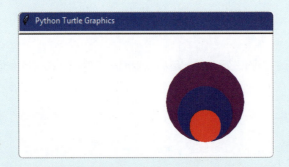

练习5：给Tooga创建一个家

我们已经掌握了如何调用 `turtle` 模块中的内置函数，下面来给Tooga创建一个真正的家吧！

做些什么呢

创建一个新的海龟，命名为Tooga，同时创建一只新的画笔，用来绘制Tooga的家。

```
tooga = turtle.Turtle( )
pen = turtle.Turtle( )
```

使用 `penup()` 和 `pendown()` 函数，再试着改变画笔的颜色和粗细，绘制不同的形状，给Tooga建造一个真正的家，确保Tooga在你所创建的房子中央。

你可以在Tooga四周画一个正方形，并在顶部画一个三角形来表示屋顶。发挥你的想象力，运用不同颜色和大小的画笔，给Tooga一个有趣而五彩斑斓的家吧！

小提示

在我们需要开始作画或者暂停作画时，记得分别使用**pendown()**函数和**penup()**函数来放下画笔和提起画笔。

预期输出效果

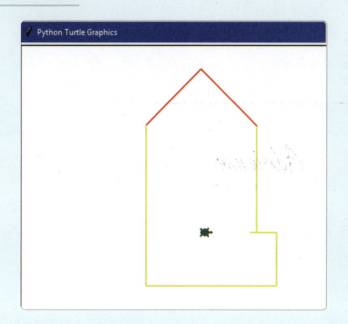

练习6：Python中的文本

使用**write()**函数让程序显示你的名字，一起来试试吧！

做些什么呢

使用**turtle**模块中的**write()**函数，在屏幕上写下你的名字！

turtle.write("Adrienne")

如果使用 **write()** 函数的其他参数，还可以改变文本的样式，包括字体、大小等，比如下面这个例子：

`turtle.write("Adrienne", font = ("Freestyle Script",50,"normal"))`

小提示

打开计算机中的 Word 文字处理软件，挑选你喜欢的字体，将 Python 中输出文本样式设置为该字体。如果你还想要改变文字的颜色，记得在使用 **write()** 函数前就设置好画笔的颜色哦！

预期输出效果

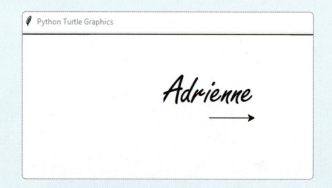

6.10 挑战关卡

挑战1：Tooga的旅行

有的时候，Tooga喜欢游到海面上，特别是晚上，它可以看到夜空中一闪一闪的星星！不过，只有晴天的晚上才能看到，如果是多云的夜晚，就什么也看不见，Tooga只好失落地游回家。我们创建一个小程序给Tooga画一个星空吧，不过前提是天气晴朗的时候哟！

做些什么呢

我已经准备好了一些代码来帮助大家绘制出星空的场景。先创建一个新文件，并命名为 tooga-travels-activity，用下面的代码开始我们的练习吧。

```python
import turtle
import random

##### 开始设置 #####
# 设置为RGB颜色模式
turtle.colormode(255)

# 设置屏幕大小和背景颜色
turtle.Screen().setup(1000, 1000)
turtle.Screen().bgcolor(35, 58, 119)

# 绘制一条线作为海平面
divider_pen = turtle.Turtle()
divider_pen.color(255, 212, 31)
divider_pen.pensize(10)
divider_pen.back(500)
divider_pen.forward(1000)

# 绘制完成后隐藏画笔
divider_pen.ht()

# 创建一支新的画笔来绘制星星
pen = turtle.Turtle()

# 在真正绘制前先隐藏它移动的痕迹
pen.penup()

# 隐藏画笔，因为我们只想要看到Tooga！
pen.ht()

# 移动画笔至左上角
pen.goto(-200,300)

# 设置画笔的颜色和粗细
```

```python
pen.color(255, 215, 0)
pen.pensize(5)

###### 完成设置 ######

###### 开始Tooga的旅行 #####

# 创建一个Tooga
tooga = turtle.Turtle()

# 把Tooga变成一只小海龟
<Write some code here>

# 把Tooga变成一只身体为绿色、轮廓为深绿色、中等大小的海龟
tooga.color(9, 185, 13)
tooga.pencolor(0, 128, 0)
tooga.turtlesize(3, 3, 3)

# 隐藏Tooga因为移动而产生的痕迹
tooga.penup()
tooga.goto(0, -100)

# 创建一个函数来绘制星星
def draw_star():
    pen.pendown()

    # 使用一个for循环重复执行pen.forward(100)和pen.right(144)命令5次
    # 得到一颗星星
    <Write some code here>

    pen.penup()
    pen.goto(pen.xcor() + 200, pen.ycor() + 20)
return

tooga.left(90)
```

```
# 主程序
for i in range(1, 6):

    # 使Tooga向前移动150个单位
    <Write some code here>

    cloudy_night = random.choice([True, False])

    # 使用print函数（或者f-string）输出结果是否为阴天
    <Write some code here>

    turtle.delay(30)

    # 使用if语句判定是否为阴天
    # 如果不是阴天，则执行draw_star()函数
    # 开始绘制星星
    <Write some code here>

    # 使Tooga向右旋转180度
    <Write some code here>

    # 使Tooga向前移动150个像素
    <Write some code here>

    turtle.delay(50)
    tooga.right(180)
```

你可能已经注意到，我在一些关键位置留下了几个占位符，用`<Write some code here>`表示，你需要在这些位置输入自己的代码。使用`for`循环、`turtle`模块以及`print()`函数等相关知识来完成该项目剩余部分的代码吧。

当完成后，记得保存文件。运行该文件，你就会看到相应的画面啦（注意：可能与下面的图案不同，因为你可能遇到一个多云的夜空）。

小提示

每个占位符上方的注释告诉你该怎么做。注意这些代码中具体的数字、方向以及代码块。

挑战2：绘制曼陀罗

"曼陀罗"是梵文中用来表示"圆形图案"的词语。有些画家可以用不同的颜色和图案画出非常漂亮的曼陀罗。在下面的挑战中，可以测试你对于**turtle**模块和循环语句的掌握情况。

做些什么呢

使用你所掌握的关于循环语句和**turtle**模块的知识，编写程序绘制一个你自己的曼陀罗吧。使用至少两种不同的颜色和形状（或者印章）。

挑战3：绘制更多的彩虹海龟！

基于练习3中的彩虹海龟，看看你是否能移动它们，并创建出一个真正的海龟彩虹。

做些什么呢

通过**circle()**函数的三个参数，分别用彩虹的七种颜色绘制不同半径的半圆。绘制完成时，确保所有海龟都在屏幕中正确的位置上！

第7章

函数

编程的一个重要思想就是代码的**可重用性**,或者说代码是否能够方便地应用到不同的场景中。我们应致力于让代码帮助我们解决重复而又复杂,并且耗费时间的问题,而不是每一次都针对不同的情况编写不同的代码,这样的代码并没有太大的实用性。

函数和模块为我们编写可重用的代码提供了一种很好的方法。回想一下,我们已经在本书中使用过无数次了。从第一章开始的 `print()` 函数,到我们刚刚才结束学习的第6章,模块中内置的函数让编程充满了趣味性。

在编程时,大多数程序都是由一个或多个模块组成的,而每个模块又由多个函数组成。下面就来看看如何用这种方式让我们的程序更加智能吧。

7.1 函数的基本应用

正如我们所了解的一样,函数就是可以重复使用的代码块,它可以执行特定的操作或返回我们想要的值。假如要向每一个使用程序的用户进行问好,可以在每一次需要问候的时候使用一次 `print()` 函数:

```
print("Hello, person!")
print("Hello, person!")
print("Hello, person!")
```

或者,我们也可以将问候命令写进一个函数中:

159

```
def greet():
    print("Hello, person!")
```

这样,每次使用时就只需要输入下面的代码就可以了。

greet()

要创建一个函数,首先需要对它进行命名,并简单描述它的功能。不过,在命名前还需要输入一个关键词**def**,用来告诉计算机我们将要创建一个函数。**def**是define(定义)的缩写,就像字典可以定义词语的含义一样,这里用def来对函数进行定义。

接下来,就可以对函数进行命名了。前面提到,我们将要使用该函数来向用户问好,那么"greet"倒是一个不错的选择,因为它正好清楚地描述了该函数的功能。然后,在函数名字的后面输入一对圆括号。后面,我们或许会在圆括号中加入一些参数,不过现在,暂时还不需要。最后的冒号(:)则表示后面缩进的几行代码就是该函数的内容。

关于函数还有非常重要的一点,就是它不能独立运行。也就是说,当计算机碰到一个函数时,它会自动跳过这段代码。要真正使用一个函数,只能对它进行**调用**。也就是说我们必须清楚地告诉计算机开始执行需要被调用的函数,如果没有调用函数,则函数中的代码永远都不会运行!

7.1.1 参数

我们常常会用到**greet()**函数,并且可以随时调用它输出文本"Hello, person!"。但是,如果我们想要通过用户的名字来对它们进行一一问候,而不再使用"person"这个词语呢?这时,就只能通过函数中的参数来实现。通常,**参数**是一段输入的数据,提供给函数用来执行某项命令。就像我们之前的**greet()**函数一样,函数可以没有参数,也可以有一个或者多个参数。当创建带有参数的函数时,默认这些函数可以接受参数,这样就可以在函

数中输入对应的数据。

为了让这里的 **greet()** 函数更加智能,为它添加一个参数 **name**。只需要在函数名后面的圆括号中加入这个参数就可以了,就像这样:

```
def greet(name):
    print("Hello, person!")
```

有了参数之后,就可以在该函数中使用参数了,代码可以改成现在这样:

```
def greet( ):
    print(f"Hello, {name}!")
```

现在,当我们再次调用 greet() 函数时,它就会使用你输入进去的参数,比如下面这行代码:

```
greet("Adrienne")
```

其运行结果将会是:

```
"Hello, Adrienne!"
```

是不是很酷!不过你知道吗?我们还可以让 greet() 函数变得再智能一点。我们不仅要在问候中提到不同的名字,还要针对不同的人改变问候的方式。如果遇到非常熟悉的朋友,我们可以说"What's up, Adrienne? Nice to see you again!";而遇到第一次见面的朋友,我们则说"Hello, Duke! Nice to meet you!"。

代码要实现可重复性,我们已经通过将问候命令写入函数初步实现了,下面只需要再进行一点点改动就可以实现剩下的功能。

首先,我们再给 greet() 函数新增一个参数,给它命名为 **is_new**,通过它来判定我们是否认识这个人。

```
def greet(name, is_new):
    print(f"Hello, {name}!")
```

现在,只需要给函数再加上一些逻辑语句就可以了。注意,我们这里想要针对认识和不认识这两类人输出不同的问候。这时,可以通过刚刚新增的参数 **is_new** 来进行判断。对于某个我们并不认识的人，可以这样问候：

```
def greet(name, is_new):
    if(is_new):
        print(f"Hello, {name}! Nice to meet you!")
```

相反，对于认识的朋友，则可以这样问候：

```
def greet(name, is_new):
    if(is_new):
        print(f"Hello, {name}! Nice to meet you!")
    else:
        print(f"What's up, {name}? Nice to see you again!")
```

现在，当我们使用**greet()**函数时，还需要输入相应的参数，通过这些参数，计算机将会判定应该使用哪种问候语。我们还可以根据需要多次调用**greet()**函数，它都会为我们输出一段相应的问候。

```
Python 3.7.0 (v3.7.0:1bf9cc5093, Jun 27 2018, 04:59:51) [MSC v.1914 64 bit (AMD64)] on win32
Type "copyright", "credits" or "license()" for more information.
>>> def greet(name, is_new):
        if(is_new):
            print(f"Hello, {name}! Nice to meet you!")
        else:
            print(f"What's up, {name}? Nice to see you again!")

            
>>> greet("Adrienne", False)
What's up, Adrienne? Nice to see you again!
>>> greet("Duke", True)
Hello, Duke! Nice to meet you!
>>> greet("Mario", False)
What's up, Mario? Nice to see you again!
>>> greet("Eva", True)
Hello, Eva! Nice to meet you!
>>> greet("Coco", True)
Hello, Coco! Nice to meet you!
>>> greet("Bernard", False)
What's up, Bernard? Nice to see you again!
>>>
```

现在，你还能想象每次问候时都使用`if`语句来输出一段不同的格式化字符串有多么低效吗？函数让我们的编程变得如此简便和智能！

7.1.2 返回值

我们已经了解了，程序中的函数对于需要重复执行的指令来说非常有帮助。我们既可以让它单次完成某个操作，也可以重复100次。不仅如此，函数还可以帮助我们进行计算或者处理数据。这一类方法通常会有**返回值**，也就是调用函数后，输出的结果往往是一个数值。

在本书中，我们已经遇到过许多运行结果为某个数值的函数了。再回过头看看我们在`turtle`模块中使用过的`xocr()`和`ycor()`函数，你还记得它们分别返回了什么样的数值吗？当调用该函数时，它们分别返回了海龟当前所在位置的x坐标值和y坐标值。

函数	输入参数	输出/返回值
xcor( )	无	海龟所在位置的x坐标
ycor( )	无	海龟所在位置的y坐标

再比如说`range()`函数，我们使用它来遍历其范围内的所有数字。该函数允许设置一个起始值和一个结束值作为输入参数，并列举出这两个值之间的所有数字，构成一个列表，并将该列表作为最终结果返回给我们。这样，我们就可以使用循环语句，对列表中的数字依次进行迭代了。

函数	输入参数	输出/返回值
range(stop)	结束索引值 例：range(5)	从索引值0开始到结束索引值之间的数字列表
range(start, stop)	起始索引值，结束索引值 例：range(1, 10)	从起始索引值开始到结束索引值之间的数字列表
range(start, stop, step)	起始索引值，结束索引值，步长 例：range(1, 100, 5)	特定步长下，从起始索引值开始到结束索引值之间的数字列表

7.1.3 调用函数

调用函数非常简单！无论什么时候需要调用某个函数时，只需要写出函数的名字，再加一个圆括号就可以了。

greet()

这就是我们在同一个文件中调用函数的方法。

其他文件中的函数

你或许已经注意到，在本书中，在使用绝大部分函数时并没有对它们进行定义。包括**print()**函数等诸多类似的已经内置在Python中的函数，它们都存储在不同的文件中，我们可以直接调用它们。

当我们需要调用其他文件中的函数时，首先应该确认它们在该计算机内可用，然后用**import**命令就可以实现了。

由于我们在第6章的项目文件中已经导入了整个**turtle**模块，所以可以使用该模块中的所有内容。同样，我们也可以只导入那些需要用到的函数。假如我们有一个名为colors.py的文件，文件中有下面几个函数：

```
def rgb_red():
    return (255, 0, 0)
def rgb_green():
    return (0, 255, 0)
def rgb_blue():
    return (0, 0, 255)
def purple():
    return "red + blue"
def yellow():
    return "blue + green"
def orange():
```

```
return "red + yellow"
```

我们决定开发一个关于颜色的游戏,于是新建了一个文件,名为color-game.py,用来存放游戏代码。因为colors.py文件中已经有部分函数可以直接取用,所以可以将它们导入到我们的项目中。根据开发需要,只需要该文件中的**rgb_red()**、**purple()**以及**yellow()**三个函数。因此,可以只导入我们需要的函数,而不用导入整个colors.py文件,就像这样:

```
from colors import rgb_red, purple, yellow
```

很简单吧?也很容易理解。我们就是在告诉计算机"嘿,我需要用到colors文件中的一些函数,不过我只要**rgb_red()**、**purple()**以及**yellow()**三个函数就够了。你能把它们调取到我现在的文件中吗?"

加括号还是不加括号?

从某个模块或文件中调取特定的函数时,你会发现只输入了该函数的名字,并没有在后面加上圆括号:

```
from colors import rgb_red, purple, yellow
```

实际上确实是这样。注意,如果这里我们在函数名后面加上了圆括号,就等同于立即执行该函数。然而这并不是我们想要的效果,我们现在只是先获取它们,暂时存储在目前的文件中,等待后续调用。

现在,当你继续编写这个关于颜色的游戏时,你就可以直接对**rgb_red()**、**purple()**以及**yellow()**三个函数进行调用啦!

7.2 本章知识点总结

这一章我们学习了如何编写自己的代码块，并调用其他文件中的代码。

- **函数**的定义，以及它们是如何组成模块和程序的。
- 如何创建自己的函数。
- 函数在有参数和没有参数时不同的使用方法。
- 函数关于**返回值**的意义。
- 如何调用其他代码中的函数。
- 如何导入整个模块以及如何只导入我们需要的函数。

现在，你已经算是一个程序员了。是不是感觉非常棒！

7.3 练习关卡

练习1：超能力函数！

做些什么呢

创建一个函数，将其命名为 `superpower()`。为该函数设置两个参数：一个命名为 **name**，另一个为 **power**。使用这两个参数，输出一个f-string，告诉大家你是谁以及你拥有什么超能力！

预期输出效果

`'Hi, I'm Super Adrienne and my superpower is coding!'`

练习2：搞笑的函数

做些什么呢

创建一个名为 `funny_greeting()` 的函数。为该函数设置两个参数：一个是 **color**，另一个是 **dessert**。使用这些参数，并将它们的位置进行对调，通过f-string输出一段文字吧！

预期输出效果

'My favorite dessert is red because it tastes so good, and my favorite-color is blueberry pie because it is very pretty!!'

练习3：你那边几点了？

当我们的朋友在世界不同地方时，想要在合适的时间给他们打电话似乎有些棘手。由于时差的关系，他们那里可能会比我们早或者晚几个小时。为了计算出世界上不同城市的时间，我们来写一个函数吧！

做些什么呢

使用**datetime**模块中的**datetime()**函数和**timedelta()**函数，通过一定的计算，创建一个函数来输出你所在的城市以及下面几个城市当前的时间吧。

Berlin, Germany

Baguio City, Philippines

Tokyo, Japan

我所在的城市：**Las Vegas, United States**

首先，需要导入下面两个函数，以便后续进行调用：

```
from datetime import datetime
from datetime import timedelta
```

接下来，创建一个函数，将其命名为**world_times()**。我已经搭建好了这个函数的框架，你只需要替换**<Write some code here>**部分的内容，计算出其他几个城市的时间，再输出最终的字符串就可以啦！

```
def world_times():
    my_city = datetime.now()
```

```
berlin = <Write some code here>
baguio = <Write some code here>
tokyo = <Write some code here>
all_times = f'''It is {my_city:%I:%M} in my city.
That means it's {berlin:%I:%M} in Berlin, {baguio:%I:%M} in Baguio
City and {tokyo:%I:%M} in Tokyo!'''

<Write some code here> # 输出你的all_times变量
```

要计算其他城市的时间，需要为 **my_city** 变量（也就是在我们所在城市的时间基础上）增加或者减少几个小时，可以通过 **timedelta()** 函数来实现这一计算。**timedelta()** 函数可以对时间进行计算，比如月份、日期、小时、分钟等。

在这个练习中，我们只需要为 **datetime** 对象增加或者减少几个小时。例如，如果你想在当前时间基础上再加上9个小时，假设结果变量是 **nine_hours_from_now**，则可以这样写：

```
nine_hours_from_now = datetime.now() + timedelta(hours=9)
```

>>> **小提示：** 你可以在网上查询你所在城市与上面3个城市的时差，找到这3个数值，并将它们用于函数的计算。

>>> **小提示：** 不要修改我上面提供的f-string，这样计算出的结果才能以正确的时间格式进行输出。

预期输出效果

```
>>> world_times()
It is 07:37 in Las Vegas.
That means it's 04:37 in Berlin, 10:37 in Baguio City, and 11:37 in Tokyo!
```

练习4：阶乘函数

每个程序员几乎都会用到一个函数，就是**阶乘**函数，它可以用来计算我们输入数字的阶乘。这听起来像是在做乘法，是的，我们这里确实需要做乘法！在数学中，阶乘是计算某个数字和它前面所有数字相乘的结果。如果我们要计算4的阶乘，就必须算出

4×3×2×1，也就是说4的阶乘为24。

做些什么呢

创建一个函数，将其命名为`factorial()`，并给出一个参数，且该参数只能为数字。接着，写一段代码来计算所给参数的阶乘，使用`factorial()`函数返回阶乘的最终结果。

预期输出效果

```
>>>factorial(4)
24
```

练习5：纸杯蛋糕和饼干

Dolores和Maeve将要一起举办一个派对，他们正在准备甜点。Dolores喜欢纸杯蛋糕，而Maeve喜欢饼干！当他们去厨房时，发现所有装甜点的盒子全都弄混了！每一种甜点都装在相应的盒子里，他们外面看起来全都一样！不过，Dolores和Maeve并不担心，因为他们知道该如何区分出纸杯蛋糕和饼干。因为装有饼干的盒子每一层有3个小盒子，而装有纸杯蛋糕的盒子每一层有5个小盒子。下面，我们就来创建一个函数，帮助他们区分出不同的甜点吧！

做些什么呢

创建一个名为`dessert_sorter()`的函数，并为它设定一个参数，将参数命名为`total_desserts`。接着，编写一段代码，帮助Dolores和Maeve区分出纸杯蛋糕和饼干。使用`for`循环遍历`total_desserts`，并检查是否满足下面三个条件之一。

- 如果可以被3整除，输出结果"cupcake"；
- 如果可以被5整除，输出结果"cookie"；
- 如果既可以被3整除，也可以被5整除，输出结果"cupcakecookie"。

当写好dessert_sorter()函数以后，将total_dessert参数设置为200，因为这就是Dolores和Maeve将要区分的盒子数量！

预期输出效果

>>> dessert_sorter(15)

cupcake

cookie

cupcake

cupcake

cookie

cupcake

cupcakecookie!

练习6：绘制游戏面板

许多游戏都需要用到一个由不同数量正方形组成的游戏操作面板。下面就来创建一个模块，每次只需要给出一个数值，就能自动生成一个对应尺寸的游戏面板。

做些什么呢

新建一个文件，将其命名为game-board，并保存。接着，定义两个函数：一个用来输出横线，另一个用来输出竖线：

def print_horizontal_line():

def print_vertical_line():

接着，使用print函数输出这些横线和竖线：

def print_horizontal_line():
    print(" --- ")

```
def print_vertical_line():
    print(" |")
```

下面,需要询问用户需要多大尺寸的游戏面板,用一个变量来存储用户输入的数据:

```
board_size = int(input("What size game board do you need?"))
```

最后,创建一个**for**循环,用刚刚定义的函数输出对应行数的横竖线。

<Write some code here>

现在,为了让我们输出的游戏面板能够正确显示,还需要对函数进行一些调整。对于**print_horizontal_line()**函数来说,如何让它每行输出与面板尺寸相同数量的横线呢?(小提示:还记得那个用来给字符串做"乘法"的运算符吗?)

```
def print_horizontal_line():
    print(" --- "<Write some code here>)
```

对于**print_vertical_line()**函数,我们需要输出的竖线数量则应该是面板尺寸值再加1。

```
def print_vertical_line():
    print("| _ "<Write some code here>)
```

在结束**for**循环以后,还需要输出一行水平线作为游戏面板的最后一行。

```
print(" --- " * board_size)
```

大功告成!保存并运行文件,系统将会提醒你输入所需面板的尺寸。输入一个数值,它就会自动输出一个相应数量方格的面板啦。如下图所示,输入数字3后,系统返回了一个长和宽均为3个方格的面板!

预期输出效果

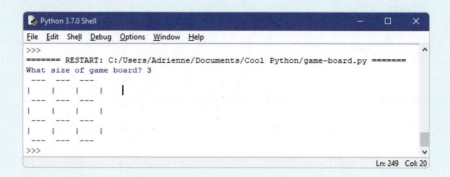

练习7：石头，剪刀，布！

石头，剪刀，布！这个游戏大家经常玩。你和你的朋友可以在rock（石头）、paper（布）、scissors（剪刀）中任选一个，然后根据每个回合两人的选择来判断谁获得胜利。我们用Python来编写一个游戏，你可以和你的朋友通过计算机来进行较量！

做些什么呢

新建一个文件，将其命名为rock-paper-scissors-game，并保存。接下来开始编写代码吧！

先来和游戏玩家打个招呼：

print("Welcome to the Rock Paper Scissors Game!")

接下来，再创建两个变量，分别存储两位玩家的名字：

player_1 = <Write some code here>

player_2 = <Write some code here>

下一步，定义函数**compare()**，并为其设置两个参数。该函数可以用来比对两位玩家每局做出的选择（注意，该选择只能是rock、paper、scissors范围内的参数），并根据游戏规则判定输赢结果。

def compare(item_1, item_2):

在**compare()**函数中，还需要写一段**if**语句！通过对可能出现的情况，输出每种情况的获胜情况。为了帮助大家更加清楚地写出**if**语句中的布尔表达式，下表中提供了所有可能出现的rock、paper、scissors对局情况，以及根据规则对应的获胜情况。

1号玩家的选择	2号玩家的选择	本局获胜方
Rock	Paper	Paper (paper covers rock)
Rock	Scissors	Rock (rock breaks scissors)
Rock	Rock	It's a tie!
Paper	Rock	Paper (paper covers rock)
Paper	Scissors	Scissors (scissors cut paper)
Paper	Paper	It's a tie!
Scissors	Rock	Rock (rock breaks scissors)
Scissors	Paper	Scissors (scissors cut paper)
Scissors	Scissors	It's a tie!

译者注：在国外版本的"石头剪刀布"（rock paper scissors）游戏中，"paper"对应的就是我们的"布"。表格中的"It's a tie!"是指"平局"。

不要忘了最后再加上一段**elif**语句来处理那些选择超出rock、paper、scissors以外的情况。出现这种情况时，如果能够告诉玩家所"输入参数无法识别"那就更好了！

现在，已经写好**compare()**函数来进行游戏结果判定了，接下来只需要获取每位玩家的选择啦！创建两个变量分别存储他们各自的选择吧：

player_1_choice = <Write some code here>

player_2_choice = <Write some code here>

最后，使用**print()**函数输出**compare()**函数的结果。

print(compare(player_1_choice, player_2_choice))

终于完成啦！保存文件，按下**F5**键，接下来你就可以和你的朋友玩这个游戏了。

7.4 挑战关卡

挑战1：猜词游戏

使用目前你所掌握的所有知识，试着完成下面这个猜词游戏。我已经在下面为大家提供了该游戏的代码框架，将由你来完成剩余的部分。完成替换 `<Write some code here>` 处的代码后，记得保存文件。这时，按下 **F5** 键，你就可以开始猜词游戏啦！

做些什么呢

新建一个名为hangman的文件，并保存。使用下面的模板，为你的hangman.py文件添加合适的代码吧。当你看到 `<Write some code here>` 时，替换成合适的代码。红色字体的注释表示代码的具体作用。

```python
# 导入时间模块
import time

# 获取玩家名字并赋值到name变量中
name = input("What is your name?")

# 使用print函数输出玩家名字并向玩家问好
<Write some code here>

# 停顿1秒
time.sleep(1)

print("Start guessing...")
time.sleep(0.5)

# 创建一个名为secret_word的变量来存储即将被猜测的单词
<Write some code here>

# 创建一个名为guesses的变量并赋值一个空字符串
# 该变量用来存储游戏玩家所猜测的字母
<Write some code here>
```

```
# 创建一个变量来限定每局游戏玩家可猜测的最大次数
<Write some code here>

# 开始一个while循环
# 并判定玩家是否还有0次以上的机会继续猜词
<Write some code here>

    # 如果玩家还有机会继续游戏
    # 创建一个初始值为0的计数变量来存储我们没有猜中的次数
    <Write some code here>

    # 开始一个for循环
    # 来迭代secret_word变量中的所有字母
    <Write some code here>

        # 使用if语句来判定迭代的每个字母是否为玩家所猜测的字母,
        # 也就是guesses变量
        <Write some code here>
            # 如果是,则显示出正确的字母
            <Write some code here>
        else:
            # 如果为否,则输出下划线
            print("_")

            # 并为失败的次数加1
            <Write some code here>

        # 判定玩家错误猜测的次数是否等于0
        <Write some code here>

            # 如果是,则告诉玩家"游戏胜利!"
            <Write some code here>
```

```
        # 然后退出游戏
        break

    # 否则,让玩家继续猜测下一个字母
    guess = input("Guess a character:")

    # 将玩家新一轮的猜测赋值给guesses变量
    guesses += guess

    # 创建一个if语句
    # 并判定该字母是否存在于被猜单词中
    <Write some code here>

        # 减少1次可用机会
        <Write some code here>

        # 告诉玩家猜测错误
        <Write some code here>

        # 同时告诉玩家还剩多少次机会
        <Write some code here>

        # 创建一个if语句,判定玩家剩余次数是否等于0
        <Write some code here>

            # 如果是,则告诉玩家"游戏失败!"
            <Write some code here>
```

挑战2:海龟赛跑

我们来创建一个跑道和一些彩色的小海龟,并下令让它们出发!开始之前,和你的朋友各自选择一个海龟,看看谁的海龟第一个冲破终点线。

做些什么呢

创建一个文件，将其命名为turtle-race-game，并保存。接下来，开始编写我们的海龟赛跑游戏。

首先，导入turtle模块和random模块，如下所示：

```
from turtle import *
from random import randint
```

接着，来设置跑道：

```
speed()
penup()
goto(-140, 140)
```

创建一个for循环从0迭代至15

<Write some code here>

  # 使用write函数"写下"当前循环迭代的数值，它们用来表示跑道的长度
  # 将align参数设置为center
  <Write some code here>

right(90)

创建一个新的for循环从0迭代至8

<Write some code here>

  # 用penup()、forward()和pendown() 函数绘制出跑道线
  # 首先，提起画笔
  <Write some code here>

  # 然后，将画笔向前悬空移动10个像素
  <Write some code here>

  # 接着，落下画笔
  <Write some code here>

最后，向前移动10个像素，绘制出一条短线

`<Write some code here>`

返回至初始位置，以便继续绘制相同的跑道线

继续绘制下一段距离的跑道线

首先，提起画笔

`<Write some code here>`

然后，将画笔向后悬空移动160个像素

`<Write some code here>`

向左旋转90度

`<Write some code here>`

最后，将画笔向前悬空移动20个像素

`<Write some code here>`

现在，开始创建小海龟！这里设置为4个，当然你也可以选择更多数量

创建一只小海龟

`<Write some code here>`

将它设置为小海龟形状

`<Write some code here>`

设置颜色

`<Write some code here>`

提起小海龟

`<Write some code here>`

现在，将第一只小海龟移动至赛道的左上方
使用goto()函数移动至x=-160，y=100的位置

`<Write some code here>`

放下小海龟

```
<Write some code here>
# 最后，让小海龟旋转到起跑的正确方向。
# 创建一个for循环，从0开始迭代至你所选的数值
<Write some code here>

    # 将第一只小海龟向右旋转你所选数值的角度
    <Write some code here>

# 使用不同的名字和颜色创建三只（或者更多）小海龟
# 确保每只小海龟都重复执行前面第一只小海龟所有相关的代码
# 当你为后面几只小海龟设定goto()函数时可以使用下面的坐标
# 第二只小海龟：x=-160，y=70
# 第三只小海龟：x=-160，y=40
# 第四只小海龟：x=-160，y=10
# 后面其他的小海龟：x=-160，y= 上一只小海龟的y坐标减去30

<Write lots of code here>
<Code for the three other turtles>

# 完成其他三只小海龟的代码以后很快我们就可以开始比赛啦！

# 创建一个for循环，迭代100次
<Write some code here>

    # 对于每只小海龟来讲，通过random函数让它们向前任意移动一个数值
    # 该随机数值范围在1~5以内
    <Write some code here>
```

保存文件。选择一只海龟，并按下F5键运行游戏。接下来你会看到跑道出现，所有的海龟开始赛跑啦！

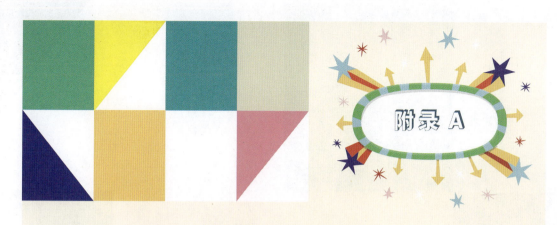

最后的比特和字节

你想要开发些什么呢?

恭喜你,小程序员! 你已经正式学会如何使用Python进行编程啦!

通过这本书,我们一起学习了如何下载安装Python,现在我们可以在任何一台计算机上编写代码了。此外,我们还了解了一些常用的构建程序的代码块,从 **print()** 函数到不同的数据类型,从智能模块到决策型代码编写等。再后来,我们还通过 **turtle** 模块,学习了如何绘制图案并使它们移动。最后,我们学习了编写可重用代码的重要性,并探索了如何将编写完成的代码块构建成为一个整体。我们一路走来一路学,涉及如此多的知识,也进行了大量的思考,我们都应该感到自豪!

现在,你已经具备使用Python编程的知识储备和基本技能了,你还想开发些什么呢?前面为大家设置的这些练习关卡和挑战关卡,才仅仅是一个开始。除此以外,未来还有更多有趣的事情等待我们去挑战!比如开发你自己的游戏?或者写一个小程序,为我们的朋友设计一张漂亮的图片?再或者写一个小程序,来帮助有需要的人?你只需要发挥想象,然后再实现它。

练习参考程序

下面的程序是前面各章节的练习和挑战的参考答案。请记住：这些代码只是实现最终结果的一种方式，它们不是唯一的解决方案，也并不是最正确和最佳的解决方案。要得到某种结果会有许多种方法，所以一定要自己尝试着去编写代码。

第2章 ☆ 练习关卡

练习1：介绍自己
参考程序

```
print("Hi! My name is Adrienne.")
```

练习2：引用一段引文
参考程序

```
print("\"First, solve the problem. Then, write the code.\" - John Johnson")
```

练习3：我的心情是个变量
参考程序

```
mood = "curious"
```

```
print(f"Today, I feel {mood}!")
```

练习4：输出你的诗句
参考程序

```
haiku = """
    Adrienne enjoys
    Coffee, lots of coding, and
    Teaching you Python
"""
print(f"{haiku}")
```

另一种参考程序

```
haiku = """
    Adrienne enjoys
    Coffee, lots of coding, and
    Teaching you Python
"""
print(haiku)
```

练习5：看起来有些蠢的故事
参考程序

```
name = ""
adjective = ""
favorite_snack = ""
number = ""
type_of_tree = ""

silly_story = f"""
    Hi, my name is {name}.
    I really like {adjective} {favorite_snack}!
    I like it so much, I try to eat at least {number} times every day.
    It tastes even better when you eat it under a {type_of_tree}!
"""
print(silly_story)
```

练习6：可以重复使用的变量
参考程序
```
first_name = 'Adrienne'
full_name = f"{first_name} Tacke"

print(full_name)
```

练习7：更好的变量名
参考程序
```
first_name = "Adrienne"
favorite_snack = "Chocolate chip cookies"
age = 20
favorite_color = "Blue"
full_name = "Adrienne Tacke"
occupation = "Software Engineer"

print(f"{first_name} {favorite_snack} {age} {favorite_color} {full_name} {occupation}")
```

第2章 ☆ 挑战关卡

多层蛋糕
参考程序
```
cake = '''
  @@@@@
  {   }
 @@@@@@@
 {     }
@@@@@@@@@
{       }
'''
print(cake)
```

第3章 ★ 练习关卡

练习1：你多大了？

参考程序

```
name = "Adrienne"
age = 20 + 7

print(f"Hi! My name is {name} and I am {age} years old!")
```

练习2：运算顺序

参考程序

```
magic_number = (5 ** 3 + 175) + (27 % 4) * 11
```

练习3：比一比巧克力饼干

参考程序

Rey & Finn

Rey 认为他拥有的巧克力片少于等于Finn的。

```
rey_chocolate_chips = 10
finn_chocolate_chips = 18
print(f"Rey's cookie has less than or the same amount of chocolate chips as Finn's. This is {rey_chocolate_chips <= finn_chocolate_chips}!")
```

参考程序

Tom & Jerry

Tom认为他和Jerry的巧克力片不相等。

```
tom_chocolate_chips = 50
jerry_chocolate_chips = "50"
print(f"Tom's cookie does not have the same amount of chocolate chips as Jerry's. This is {tom_chocolate_chips != jerry_chocolate_chips}!")
```

参考程序

Trinity & Neo

Neo说他拥有的巧克力片和Trinity的一样多。

```
neo_chocolate_chips = 3
trinity_chocolate_chips = 3
print(f"Neo's cookie has the same amount of chocolate chips as Trinity's. This is {neo_chocolate_chips == trinity_chocolate_chips}!")
```

参考程序

Gigi & Kiki

Kiki说她饼干上的巧克力片比Gigi的少。

```
kiki_chocolate_chips = 30
gigi_chocolate_chips = 31
print(f"Kiki's cookie has less chocolate chips than Gigi's. This is {kiki_chocolate_chips < gigi_chocolate_chips}!")
```

参考程序

Bernard & Elsie

Bernard认为他拥有的巧克力片不会比Elsie的少。

```
bernard_chocolate_chips = 1010
elsie_chocolate_chips = 10101
print(f"Bernard's cookie has the same amount of chocolate chips or more than Elsie's. This is {bernard_chocolate_chips >= elsie_chocolate_chips}!")
```

练习4：馅饼派对

参考程序

Chocolate and Caramel Pie

```
pie_crust = "graham cracker"
pie_slices = 10
```

```
can_evenly_divide_chocolate_caramel_pie = (graham_cracker_crust_lovers % 10) == 0
print(f"The Chocolate and Caramel pie can be evenly divided for all graham crust lovers? {can_evenly_divide_chocolate_caramel_pie}")
```

参考程序

Triple Berry Pie

```
pie_crust = "vanilla wafer"
pie_slices = 12
can_evenly_divide_triple_berry_pie = (vanilla_wafer_crust_lovers % 12) == 0

print(f"The Triple Berry pie can be evenly divided for all vanilla wafer crust lovers? {can_evenly_divide_triple_berry_pie }")
```

参考程序

Pumpkin Pie

```
pie_crust = "graham cracker"
pie_slices = 12
can_evenly_divide_pumpkin_pie = (graham_cracker_crust_lovers % 12) == 0
print(f"The Pumpkin pie can be evenly divided for all graham crust lovers? {can_evenly_divide_pumpkin_pie}")
```

参考程序

Apple Pie

```
pie_crust = "vanilla wafer"
pie_slices = 10
can_evenly_divide_apple_pie = (vanilla_wafer_crust_lovers % 10) == 0
print(f"The Apple pie can be evenly divided for all vanilla wafer crust lovers? {can_evenly_divide_apple_pie}")
```

参考程序

Banana Cream Pie

```
pie_crust = "vanilla wafer"
```

```
pie_slices = 10
can_evenly_divide_banana_cream_pie = (vanilla_wafer_crust_lovers % 10) == 0
print(f"The Banana Cream pie can be evenly divided for all vanilla wafer crust lovers? {can_evenly_divide_banana_cream_pie}")
```

参考程序

Mango Pie

```
pie_crust = "graham cracker"
pie_slices = 12
can_evenly_divide_mango_pie = (graham_cracker_crust_lovers % 12) == 0
print(f"The Mango pie can be evenly divided for all graham crust lovers? {can_evenly_divide_mango_pie}")
```

参考程序

S'mores Pie

```
pie_crust = "oreo"
pie_slices = 12
can_evenly_divide_smores_pie = (oreo_crust_wafers % 12) == 0
print(f"The Smores pie can be evenly divided for all oreo crust lovers? {can_evenly_divide_smores_pie}")
```

练习5：服装搭配

```
cher_dress_color = 'pink'
cher_shoe_color = 'white'
cher_has_earrings = True
dionne_dress_color = 'purple'
dionne_shoe_color = 'pink'
dionne_has_earrings = True
```

参考程序

Outfit Check 1

Cher and Dionne have different dress colors.（Cher和Dionne穿不同颜色的衣服。）

```
print(f"Both girls have different dress colors? {cher_dress_color
!= 'purple' and dionne_dress_color != 'pink'}")
```

参考程序

Outfit Check 2

Cher and Dionne are both wearing earrings.（Cher和Dionne都穿喜欢的衣服。）

```
print(f"Both girls are wearing earrings? {cher_has_earrings == True
and dionne_has_earrings == True}")
```

参考程序

Outfit Check 3

At least one person is wearing pink.（至少一个人穿粉色的衣服。）

```
print(f"At least one person is wearing pink? {cher_dress_color ==
'pink' or dionne_dress_color == 'pink'}")
```

参考程序

Outfit Check 4

No one is wearing green.（谁也没穿绿色的衣服。）

```
print(f"No one is wearing green? {cher_dress_color != 'green' and
dionne_dress_color != 'green'}")
```

参考程序

Outfit Check 5

Cher and Dionne have the same shoe color.（Cher和Dionne穿同样颜色的鞋子。）

```
print(f"Both girls have the same shoe colors? {(cher_shoe_color
== 'pink' and dionne_shoe_color == 'pink') or (cher_shoe_color ==
'white' and dionne_shoe_color == 'white')}")
```

练习6：逻辑实验室

参考程序

```
beakers = 20
tubes = 30
rubber_gloves = 10
safety_glasses = 4

enough_safety_glasses = (safety_glasses % 4) == 0
enough_rubber_gloves = rubber_gloves >= (2 * 4)
enough_tubes = tubes >= 10 * 4
enough_beakers = beakers >= 5 * 4

final_report = f'''
    Here is the final report for lab materials:
    -
    Each girl had enough safety glasses: {enough_safety_glasses}
    Each girl had enough rubber gloves: {enough_rubber_gloves}
    Each girl had enough tubes: {enough_tubes}
    Each girl had enough beakers: {enough_beakers}
    -
    There are enough gloves and safety glasses for each girl:
    {enough_rubber_gloves and enough_safety_glasses}
    There are more than enough tubes and an exact amount of beakers
    for each girl: {tubes > 40 and beakers == 20}
    Each girl has at least the exact or greater amount of tubes or
    the exact amount of beakers: {tubes >= 40 or beakers == 20}
'''

print(final_report)
```

练习7：数学模块

参考程序

```
print(3921 % 4)
print(533 % 7)
```

练习8：星际探索

参考程序

Tripolia galaxy—magic number is 3!

print(f"The Tripolia galaxy has { 9 ** 3 } planets!")

参考程序

Deka galaxy—magic number is 10!

print(f"The Deka galaxy has { 9 ** 10 } planets!")

参考程序

Heptaton galaxy—magic number is 7!

print(f"The Heptaton galaxy has { 9 ** 7 } planets!")

参考程序

Oktopia galaxy—magic number is 8!

print(f"The Oktopia galaxy has { 9 ** 8 } planets!")

第3章 ★ 挑战关卡

晚餐吃什么

```
name = "Adrienne"
entree = fried_chicken
side_one = french_fries
side_two = baked_potato
dessert_one = chocolate_ice_cream
dessert_two = apple_pie
dessert_three = vanilla_donut
dinner_decisions = f"""
    Hi, my name is {name}.
    I chose {entree} as my main meal!
    To go with it, I chose {side_one}, {side_two} as my sides.
```

```
    And the best part, I have {dessert_one}, {dessert_two}, and
    {dessert_three} waiting for me for dessert!
    Let's eat!
    """
    print(dinner_decisions)
```

第4章 ☆ 练习关卡

练习1：我最喜欢的东西
参考程序

```
my_favorite_things = ['Blue', 3, 'Desserts', 'Running', 33.3]
print(f"These are Adrienne's favorite things: {my_favorite_things}")
```

练习2：云朵的形状
参考程序

```
your_cloud_shapes = ['circle', 'turtle', 'dolphin', 'truck',
'apple', 'spoon']

friend_cloud_shapes = ['apple', 'turtle', 'spoon', 'truck', 'circle', 'dolphin']

if your_cloud_shapes[0] == friend_cloud_shapes[0]:
    print("We saw the same shape!")
elif your_cloud_shapes[0] != friend_cloud_shapes[0]:
     print("We saw different shapes this time.")

if your_cloud_shapes[1] == friend_cloud_shapes[1]:
    print("We saw the same shape!")
elif your_cloud_shapes[1] != friend_cloud_shapes[1]:
    print("We saw different shapes this time.")

if your_cloud_shapes[2] == friend_cloud_shapes[2]:
    print("We saw the same shape!")
elif your_cloud_shapes[2] != friend_cloud_shapes[2]:
    print("We saw different shapes this time.")
```

```
if your_cloud_shapes[3] == friend_cloud_shapes[3]:
    print("We saw the same shape!")
elif your_cloud_shapes[3] != friend_cloud_shapes[3]:
    print("We saw different shapes this time.")

if your_cloud_shapes[4] == friend_cloud_shapes[4]:
    print("We saw the same shape!")
elif your_cloud_shapes[4] != friend_cloud_shapes[4]:
    print("We saw different shapes this time.")

if your_cloud_shapes[5] == friend_cloud_shapes[5]:
    print("We saw the same shape!")
elif your_cloud_shapes[5] != friend_cloud_shapes[5]:
    print("We saw different shapes this time.")
```

练习3：随机工厂

场景1

参考程序

```
print(f"{random_items[1]} {random_items[4]}")
```

场景2

参考程序

```
print(f"{random_items[2]} {random_items[0]}")
```

场景3

参考程序

```
print(f"{random_items[4]} {random_items[5]}")
```

场景4

参考程序

```
print(f"{random_items[0]} {random_items[4]}")
```

场景5

参考程序

```
print(f"{random_items[2]} {random_items[6]}")
```

场景6

参考程序

```
print(f"{random_items[5]} {random_items[6]}")
```

练习4：宠物大游行

```
pet_parade_order = ['Pete the Pug', 'Sally the Siamese Cat', 'Beau the Boxer', 'Lulu the Labrador', 'Lily the Lynx', 'Pauline the Parrot', 'Gina the Gerbil', 'Tubby the Tabby Cat']
```

步骤1

将Gina从列表中移出。

参考程序

```
pet_parade_order.remove('Gina the Gerbil')
```

可选程序

```
del pet_parade_order[6]
```

步骤2

将Pauline移到游行队伍的最前面。

参考程序

```
del pet_parade_order[5]
pet_parade_order[0:0] = ['Pauline the Parrot']
```

步骤3

将Mimi和Cory一起放在Lily的后面。

参考程序

```
pet_parade_order[6:6] = ['Mimi the Maltese Cat', 'Cory the Corgi']
```

步骤4

将Lulu和Lily移出游行队伍。

参考程序

```
del pet_parade_order[4:6]
print(f"The order of the Pet Parade is: {pet_parade_order}")
```

练习5：不同年龄人的喜好

参考程序

```
age = 10
favorite_outfit = "red dress"
favorite_hobby = "coding"
year = 2018

if year == 2018:
    print(f"It is 2018. I am currently {age} years old, love wearing
    a {favorite_outfit}, and currently, {favorite_hobby} takes up
    all my time!")
elif year == 2023:
    age += 5
    favorite_outfit = "jeans and a t-shirt"
    favorite_hobby = "making games"
    print(f"It is {year}. I am currently {age} years old, love wearing a {favorite_outfit}, and currently, {favorite_hobby} takes up all my time!")
elif year == 2028:
    age += 10
    favorite_outfit = "bike shorts and a shirt"
    favorite_hobby = "mountain biking"
```

```
        print(f"It is {year}. I am currently {age} years old, love wear-
            ing a {favorite_outfit}, and currently, {favorite_hobby} takes
            up all my time!")
    elif year == 2033:
        age += 15
        favorite_outfit = "black dress"
        favorite_hobby = "playing the piano"
        print(f"It is {year}. I am currently {age} years old, love wear-
            ing a {favorite_outfit}, and currently, {favorite_hobby} takes
            up all my time!")
    elif year == 2038:
        age += 20
        favorite_outfit = "white dress"
        favorite_hobby = "traveling"
        print(f"It is {year}. I am currently {age} years old, love wear-
            ing a {favorite_outfit}, and currently, {favorite_hobby} takes
            up all my time!")
```

练习6：切片和切块
参考程序

```
slicing_area = []
dicing_area = []

crate_1 = ['onions', 'peppers', 'mushrooms', 'apples', 'peaches']
crate_2 = ['lemons', 'limes', 'broccoli', 'cauliflower',
'tangerines']
crate_3 = ['squash', 'potatoes', 'cherries', 'cucumbers',
'carrots']
```

参考程序

```
slicing_area.append(crate_1[3])
slicing_area.append(crate_1[4])
dicing_area.append(crate_1[0])
dicing_area.append(crate_1[1])
dicing_area.append(crate_1[2])
```

参考程序

```
dicing_area[3:3] = crate_2[2:4]
slicing_area[2:2] = crate_2[0:2]
slicing_area.append(crate_2[4])
```

参考程序

```
dicing_area[5:5] = crate_3[0:2]
slicing_area.append(crate_3[2])
dicing_area[7:7] = crate_3[3:5]

print(f"Vegetables: {dicing_area}")
print(f"Fruits: {slicing_area}")
```

练习7：改变还是不改变

第一组

参考程序

```
person = ['Adrienne', 'Tacke', 'brown', 'black', 10, 10]
print(f"{person} are stored in a list!")
```

第二组

参考程序

```
favorite_animals = ['cats', 'dogs', 'turtles', 'bunnies']
```

第三组

参考程序

```
rainbow_colors = ('red', 'orange', 'yellow', 'green', 'blue',
'indigo', 'violet')

print(f"{rainbow_colors} are stored in a tuple!")
```

第4章 ★ 挑战关卡

选择你的冒险

参考程序

```python
name = "Adrienne"

print(f"Welcome to {name}'s Choose Your Own Adventure game! As you follow the story, you will be presented with choices that decide your fate. Take care and choose wisely! Let's begin.")

print("You find yourself in a dark room with 2 doors. The first door is red, the second is white!")

door_choice = input("Which door do you want to choose? red=red door or white=white door")

if door_choice == "red":
    print("Great, you walk through the red door and are now in future! You meet a scientist that gives you a mission of helping him save the world!")
    choice_one = input("What do you want to do? 1=Accept or 2=Decline")
    if choice_one=="1":
        print("""_____SUCCESS_____
        You helped the scientist to save the world! In gratitude, the scientist builds a time machine and sends you home!""")
    else:
        print("""_____GAME OVER_____
        Too bad! You declined the scientist's offer and now you are stuck in the future!""")
else:
    print("Great, you walked through the white door and now you are in the past! You meet a princess that asks you to go on a quest.")
```

```
quest_choice = input("Do you want to accept her offer and go on
the quest, or do you want to stay where you are? 1=Accept and go
on quest or 2=Stay")

if quest_choice=="1":
    print("The princess thanks you for accepting her offer.
    You begin the quest.")
else:
    print("""_____GAME OVER_____
    Well, I guess your story ends here!""")
```

第5章 ★ 练习关卡

练习1：让它循环吧！

参考程序

```
people = ['Mario', 'Peach', 'Luigi', 'Daisy', 'Toad', 'Yoshi']
desserts = ['Star Pudding', 'Peach Pie', 'Popsicles', 'Honey Cake',
'Cookies', 'Jelly Beans']

for i in range(len(people)):
    name = people[i]
    dessert = desserts[i]
    print(f"Hi! My name is {name}. My favorite dessert is
    {dessert}.")
```

练习2：圈圈圆圆圈圈，该进哪个呼啦圈

参考程序

```
nachos_friends = ['athletic', 'not athletic', 'older', 'athletic',
'younger', 'athletic', 'not athletic', 'older', 'athletic', 'older',
'athletic']

hula_hoops_by_swings = 0
hula_hoops_by_basketball_court = 0
for i in range(len(nachos_friends)):
    if nachos_friends[i] == 'athletic' or nachos_friends[i] ==
    'younger':
```

```
            hula_hoops_by_swings += 1
        elif nachos_friends[i] == 'not athletic' or nachos_friends[i] ==
        'older':
            hula_hoops_by_basketball_court += 1
    print(f"Cats at hula hoops by swings: {hula_hoops_by_swings}")
    print(f"Cats at hula hoops by basketball court:
    {hula_hoops_by_basketball_court}")
```

练习3：数不清的腿
参考程序

```
    has_zero_legs = 0
    has_two_legs = 0
    has_four_legs = 0

    animals = [4, 0, 2, 4, 2, 0, 2, 4, 4, 2, 0, 2, 4]
    for i in range(len(animals)):
        if animals[i] == 0:
            has_zero_legs += 1
        elif animals[i] == 2:
            has_two_legs += 1
        elif animals[i] == 4:
            has_four_legs += 1

    animal_summary = f'''
    Animals with no legs: {has_zero_legs}
    Animals with two legs: {has_two_legs}
    Animals with four legs: {has_four_legs}
    '''
    print(animal_summary)
```

练习4：受密码保护的秘密信息
参考程序

```
    password = 'cupcakes'
    guess = ''
```

```
secret_message = 'Tomorrow, I will bring cookies for me and you at
lunch to share!'
while guess != password:
    print('What is the password?')
    guess = input()
print(f"Correct password! The secret message is: {secret_message}")
```

练习5：猜数字游戏

参考程序

```
import random

number = random.randint(1, 100)
number_of_guesses = 0

while number_of_guesses < 10:
    print('Guess a number between 1 and 100:')
    guess = input()
    guess = int(guess)
    number_of_guesses = number_of_guesses + 1

    if guess == number:
        print("Whoo! That's the magic number!")
        break
if number_of_guesses >= 10:
    print(f"Aww, you ran out of guesses. The magic number was {number}.")
```

练习6：循环的字母

参考程序

```
full_name = 'Adrienne Tacke'
number_of_a = 0
number_of_e = 0
number_of_i = 0
number_of_o = 0
number_of_u = 0

for letter in full_name:
```

```
    if letter.lower() == 'a':
        number_of_a += 1
    elif letter.lower() == 'e':
        number_of_e += 1
    elif letter.lower() == 'i':
        number_of_i += 1
    elif letter.lower() == 'o':
        number_of_o += 1
    elif letter.lower() == 'u':
        number_of_u += 1
totals = f'''
Total number of As: {number_of_a}
Total number of Es: {number_of_e}
Total number of Is: {number_of_i}
Total number of Os: {number_of_o}
Total number of Us: {number_of_u}
'''
print(totals)
```

第5章 ★ 挑战关卡

挑战2：更有趣的猜数字游戏

参考程序

```
import random
number = random.randint(1, 100)
number_of_guesses = 0
number_of_chances = 20
while number_of_guesses < number_of_chances:
    print('Guess a number between 1 and 100:')
    guess = input()
    guess = int(guess)
    number_of_guesses = number_of_guesses + 1
    if guess < number:
        print('Your guess is too low')
    if guess > number:
```

```
            print('Your guess is too high')
    if guess == number:
        print("Whoo! That's the magic number!")
        break
    print(f"Darn, that wasn't the right number. You have {number_of_chances - number_of_guesses} chances left to guess the magic number!")
print(f"Aww, you ran out of guesses. The magic number was {number}.")
```

第6章 ★ 练习关卡

练习2：幸运转盘

参考程序

```
import turtle
import random

pointer = turtle.Turtle()
pointer.turtlesize(3, 3, 2)
pen = turtle.Turtle()
spin_amount = random.randint(1,360)
pen.penup()

pen.goto(200,0)
pen.pendown()
pen.write('Yes!', font=('Open Sans', 30))
pen.penup()

pen.goto(-400, 0)
pen.pendown()
pen.write('Absolutely Not!', font=('Open Sans', 30))
pen.penup()

pen.goto(-100, 300)
pen.pendown()
pen.write('Uhh, Maybe?', font=('Open Sans', 30))
pen.penup()
```

```
pen.goto(0, -200)
pen.pendown()
pen.write('Yes, but after 50 years!', font=('Open Sans', 30))
pen.ht()
pointer.right(spin_amount)
```

练习3：彩虹海龟
参考程序

```
import turtle
turtle = turtle.Turtle()
turtle.turtlesize(2, 2, 2)
turtle.shape('turtle')
turtle.penup()

for i in range(7):
    turtle.forward(50)
    if i == 0:
        turtle.color('red')
    elif i == 1:
        turtle.color('orange')
    elif i == 2:
        turtle.color('yellow')
    elif i == 3:
        turtle.color('green')
    elif i == 4:
        turtle.color('blue')
    elif i == 5:
        turtle.color('indigo')
    elif i == 6:
        turtle.color('violet')
    turtle.stamp()
```

练习4：大圆套小圆
参考程序

```
import turtle
pen = turtle.Turtle()
```

```
pen.color('purple')
pen.begin_fill()
pen.circle(100)
pen.end_fill()
pen.color('blue')
pen.begin_fill()
pen.circle(50)
pen.end_fill()
pen.color('red')
pen.begin_fill()
pen.circle(20)
pen.end_fill()
```

练习5：给Tooga创建一个家

参考程序

```
import turtle
tooga = turtle.Turtle()
tooga.turtlesize(2, 2, 2)
tooga.shape('turtle')
tooga.color('green')
tooga.penup()

pen = turtle.Turtle()
pen.pensize(10)
pen.color('yellow')
pen.penup()
pen.forward(100)
pen.left(90)
pen.pendown()
pen.forward(100)
pen.color('red')
pen.left(45)
pen.forward(150)
pen.left(90)
pen.forward(150)
pen.left(45)
pen.color('yellow')
```

```
pen.forward(200)
pen.left(90)
pen.forward(210)
pen.left(90)
pen.forward(100)
```

第6章 ☆ 挑战关卡

挑战1：Tooga的旅行

参考程序

```
import turtle
import random

turtle.colormode(255)

turtle.Screen().setup(1000, 1000)
turtle.Screen().bgcolor(35, 58, 119)

divider_pen = turtle.Turtle()
divider_pen.color(255, 212, 31)
divider_pen.pensize(10)
divider_pen.back(500)
divider_pen.forward(1000)
divider_pen.ht()

pen = turtle.Turtle()
pen.penup()
pen.ht()
pen.goto(-200,300)
pen.color(255, 215, 0)
pen.pensize(5)

tooga = turtle.Turtle()
tooga.shape('turtle')
tooga.color(9, 185,13)
tooga.pencolor(0, 128, 0)
tooga.turtlesize(3, 3, 3)
```

```
tooga.penup()
tooga.goto(0, -100)

def draw_star():
    pen.pendown()
    for i in range(5):
        pen.forward(100)
        pen.right(144)
    pen.penup()
    pen.goto(pen.xcor() + 200, pen.ycor() + 20)
    return
tooga.left(90)
for i in range(1, 6):
    tooga.forward(150)
    cloudy_night = random.choice([True, False])
    print(f"is cloudy? {cloudy_night}")
    turtle.delay(30)
    if (cloudy_night != True):
        draw_star()
    tooga.right(180)
    tooga.forward(150)
    turtle.delay(50)
    tooga.right(180)
```

第7章 ★ 练习关卡

练习1：超能力函数
参考程序

```
def superpower(name, power):
    print(f"Hi, I'm Super {name} and my superpower is {power}!")
superpower("Adrienne", "coding")
```

练习2：搞笑的函数
参考程序

```
def funny_greeting(color, dessert):
```

```
    print(f"My favorite dessert is {color} because it tastes so good
    and my favorite color is {dessert} because it is very pretty!")
funny_greeting("red", "blueberry pie")
```

练习3：你那边几点了？
参考程序

```
from datetime import datetime
from datetime import timedelta

def world_times():
    my_city = datetime.now()
    berlin = my_city + timedelta(hours=9)
    baguio = my_city + timedelta(hours=15)
    tokyo = my_city + timedelta(hours=16)
    all_times = f'''It is {my_city:%I:%M} in my city.
That means it's {berlin:%I:%M} in Berlin, {baguio:%I:%M} in
Baguio City and {tokyo:%I:%M} in Tokyo!'''
    print(all_times)

world_times()
```

练习4：阶乘函数
参考程序

```
def factorial(number):
    result = 1
    while number >= 1:
        result = result * number
        number = number - 1
    return result
```

练习5：纸杯蛋糕和饼干
参考程序

```
def dessert_sorter(desserts):
    for i in range(desserts):
        if i % 5 == 0 and i % 3 == 0:
```

附录B 练习参考程序

```
            print("cupcakecookie")
        elif i % 3 == 0:
            print("cupcake")
        elif i % 5 == 0:
            print("cookie")
dessert_sorter(200)
```

练习6：绘制游戏面板
参考程序

```
def print_horiz_line():
    print(" --- " * board_size)

def print_vert_line():
    print("|    " * (board_size + 1))

board_size = int(input("What size of game board?"))

for index in range(board_size):
    print_horiz_line()
    print_vert_line()

print(" --- " * board_size)
```

练习7：石头，剪刀，布！
参考程序

```
print("Welcome to the Rock Paper Scissors Game!")
player_1 = "Adrienne"
player_2 = "Mario"

def compare(item_1, item_2):
    if item_1 == item_2:
        return("It's a tie!")
    elif item_1 == 'rock':
        if item_2 == 'scissors':
            return("Rock wins!")
        else:
```

```
                return("Paper wins!")
        elif item_1 == 'scissors':
            if item_2 == 'paper':
                return("Scissors win!")
            else:
                return("Rock wins!")
        elif item_1 == 'paper':
            if item_2 == 'rock':
                return("Paper wins!")
            else:
                return("Scissors win!")
        else:
            return("Uh, that's not valid! You have not entered rock,
            paper or scissors.")
player_1_choice = input("%s, rock, paper or scissors?" % player_1)
player_2_choice = input("%s, rock, paper or scissors?" % player_2)

print(compare(player_1_choice, player_2_choice))
```

第7章 ★ 挑战关卡

挑战1：猜词游戏
参考程序

```
import time
name = input("What is your name?")
print(f"Hello, {name}. Time to play hangman!")
time.sleep(1)
print("Start guessing...")
time.sleep(0.5)

word = "secret"
guesses = ''
turns = 10
while turns > 0:
    failed = 0
    for char in word:
```

```
        if char in guesses:
            print(char)
        else:
            print("_")
            failed += 1
    if failed == 0:
        print("You won")
        break
    guess = input("Guess a character:")
    guesses += guess

    if guess not in word:
        turns -= 1
        print("Wrong guess")
        print(f"You have {turns} more guesses remaining")
        if turns == 0:
            print("You Lose")
```

挑战2：海龟赛跑

参考程序

```
from turtle import *
from random import randint
speed()
penup()
goto(-140, 140)

for step in range(15):
    write(step, align='center')
    right(90)
    for num in range(8):
        penup()
        forward(10)
        pendown()
        forward(10)
    penup()
    backward(160)
    left(90)
```

```
        forward(20)

ruby = Turtle()
ruby.color('red')
ruby.shape('turtle')

ruby.penup()
ruby.goto(-160, 100)
ruby.pendown()
for turn in range(10):
    ruby.right(36)

lily = Turtle()
lily.color('blue')
lily.shape('turtle')

lily.penup()
lily.goto(-160, 70)
lily.pendown()

for turn in range(72):
    lily.left(5)

tooga = Turtle()
tooga.shape('turtle')
tooga.color('green')

tooga.penup()
tooga.goto(-160, 40)
tooga.pendown()

for turn in range(60):
    tooga.right(6)

juju = Turtle()
juju.shape('turtle')
juju.color('orange')
```

```
juju.penup()
juju.goto(-160, 10)
juju.pendown()

for turn in range(30):
    juju.left(12)

for turn in range(100):
    ruby.forward(randint(1,5))
    lily.forward(randint(1,5))
    tooga.forward(randint(1,5))
    juju.forward(randint(1,5))
```

致谢

Mario, mahal, thank you for staying up with me all those nights. Even though you felt just as tired after work and your eyes grew heavier the longer you stayed up, you kept me company, brought me coffee and cake, and helped me pull through and finish this book. Thank you so much. I love you!

Jillie, you were the inspiration and motivation for this book. Every time I felt too tired to finish a section or review an activity, I remembered how excited you were at the prospect of learning how to code from a book by your sister! It kept me on track and helped me make sure I wrote a book that was good enough for you. I love you!

Lucie, I am so happy you are with Jillie and are helping her navigate this part of her life. I am also so proud of the big sister you have become to her. Thank you for filling in for me as the "eldest" sister for all these years. I can't wait until you both are closer to me! I love you!

To all of my Instagram followers, thank you for your continued support. Without you, this opportunity wouldn't even be possible and this book wouldn't exist!

To the dev team that worked on Google Docs and Google Drive, I honestly don't know what I'd do without you. Your excellent products have allowed me to efficiently write this book and pick up where I left off seamlessly. Thank you!

Susan Randol, from initial milestone feedback to your flexibility with deadlines, I appreciate everything you have done to help make this book a success. Your enthusiasm for the book made it a joy to work with you. Thank you, and I hope to work on a JavaScript book with you in the future!

Patty Consolazio, you are quite the trooper for going through my first book and pointing out all of the inconsistencies, missing bits of information, and parts that were not quite clear. This is greatly appreciated, as I not only want to educate readers but inspire and excite them about the power of code. Without your help, that would not be possible. Thank you!

Vanessa Putt, our initial conversations and further discussions about this book were always pleasant. Your responses were quick, and you answered all of my questions in full detail. You even discussed my idea for a JavaScript book, which has some possibility of being created, and that is so awesome! Thank you for everything!

Marthine Satris, thank you for taking a chance and sending me that email for a possible chat about a book. I'm certainly glad you sent that email!